安徽省省级非物质文化遗产保护资金支持项目

GUQIN ZHUOZHI RUMEN

古琴斫制入门

朱志刚 ◎ 编著

时代出版传媒股份有限公司
安徽文艺出版社

图书在版编目（CIP）数据

古琴斫制入门/朱志刚编著. --合肥：安徽文艺出版社，2024.11
ISBN 978-7-5396-7890-0

Ⅰ.①古… Ⅱ.①朱… Ⅲ.①古琴—乐器制造 Ⅳ.
①TS953.24

中国国家版本馆 CIP 数据核字(2023)第 226045 号

出 版 人：姚　巍
责任编辑：秦　雯　　　　　　装帧设计：徐　睿

出版发行：安徽文艺出版社　　www.awpub.com
地　　址：合肥市翡翠路 1118 号　邮政编码：230071
营 销 部：(0551)63533889
印　　制：安徽联众印刷有限公司　(0551)65661327

开本：710×1010　1/16　印张：6.75　字数：80 千字
版次：2024 年 11 月第 1 版
印次：2024 年 11 月第 1 次印刷
定价：42.00 元

（如发现印装质量问题，影响阅读，请与出版社联系调换）
版权所有，侵权必究

编委会

编 著

朱志刚

主 编

李燕茹 李 立 赵 敏

副主编

张 娜 翟 涛

目录 contents

古琴文化概述
认识古琴 / 001
琴曲文化 / 008
古琴斫制的历史与发展 / 019

古琴声学原理
古琴结构及槽腹的声学原理 / 030
古琴断纹的产生及声学变化 / 033

古琴斫制技艺
斫琴工具 / 037
选用材料 / 049
斫制流程 / 057

琴器欣赏

传世名琴欣赏 / 075

老师作品欣赏 / 079

古琴开指与开指曲

古琴开指 / 083

开指曲 / 091

古琴文化概述

认识古琴

古琴是我国古老的弹拨乐器之一,在古代被称为琴、瑶琴、七弦琴。为区别于其他乐器,近代人在"琴"前加一"古"字,于是被称为古琴。我国现存有大量关于古琴的音乐遗产和理论文献,还有几百年前甚至一千多年前的古代良琴保存到今天。

古琴起源

"琴",根据三千年前的甲骨文"乐"字写成,是木制其身、以丝为弦的乐器。根据古代典籍推断,古琴在我国至少有三千年的历史。琴的产生一定是在文字出现之前。古琴应是同陶器、农具等工具一样源于劳动和生活,并且经过不断升级改造,最终定型为形制优美而又可以演奏乐曲的器物。我国第一部诗歌总集《诗经》中的《国风·关雎》提及:"窈窕淑女,琴瑟友之。"从中可以看出,此时古琴已经可以演奏出旋律优美的乐曲。《诗经》是两千五百年前编辑成书的。古琴从产生到流行于民间并被写到诗里收入《诗经》,要经历一段较长的时间。因此说古琴有三千年左右的历史是比较符合历史发展实际的。

古琴各部位的名称

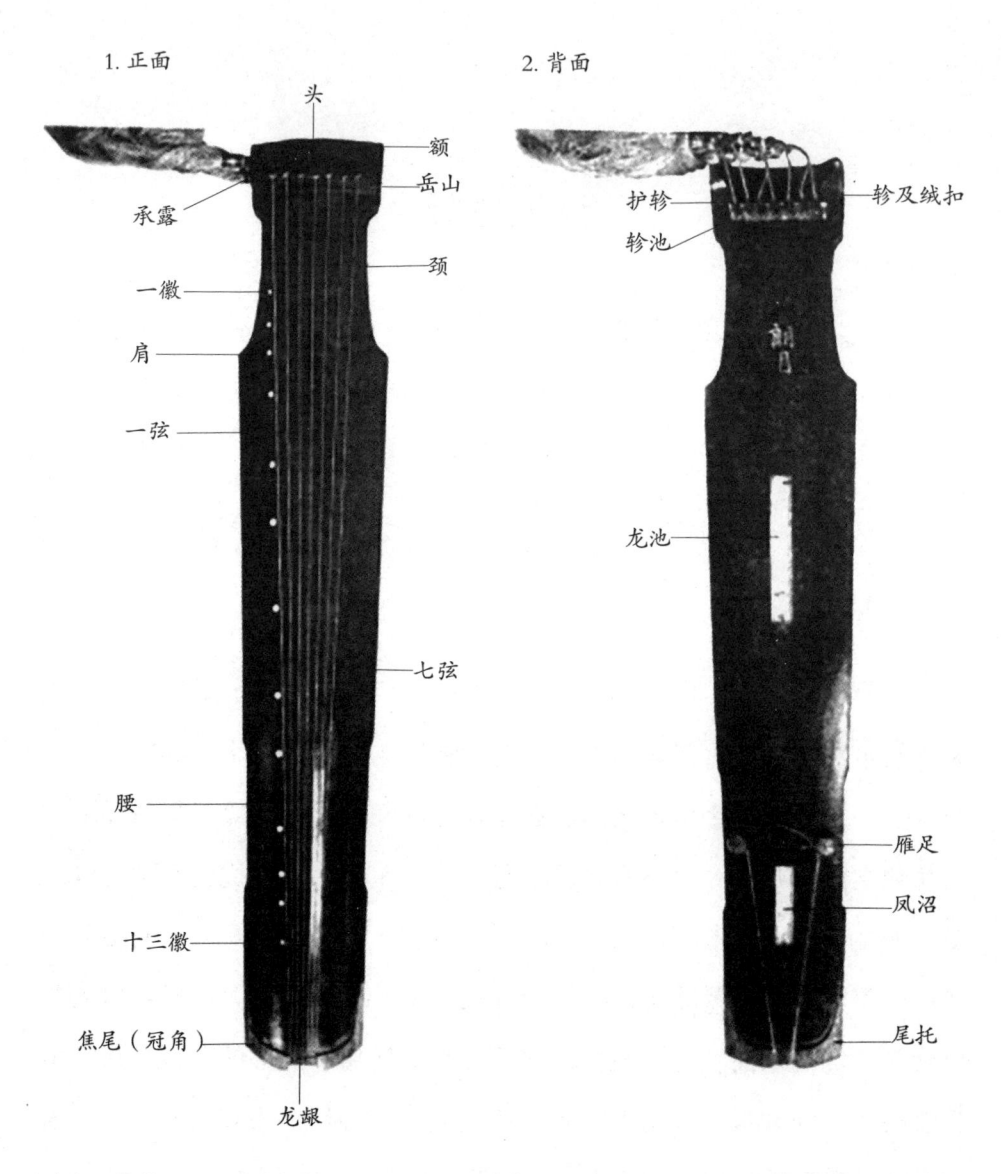

1. 正面

- 头
- 额
- 岳山
- 承露
- 颈
- 一徽
- 肩
- 一弦
- 七弦
- 腰
- 十三徽
- 焦尾（冠角）
- 龙龈

2. 背面

- 护轸
- 轸池
- 轸及绒扣
- 龙池
- 雁足
- 凤沼
- 尾托

说明：①轸池是凹下1—2mm的槽，是7个琴轸所置的地方。

②与龙池和凤沼部位相对的琴面内侧，有与池、沼大小相近的凸起部分，叫纳音。

3. 琴头顶端

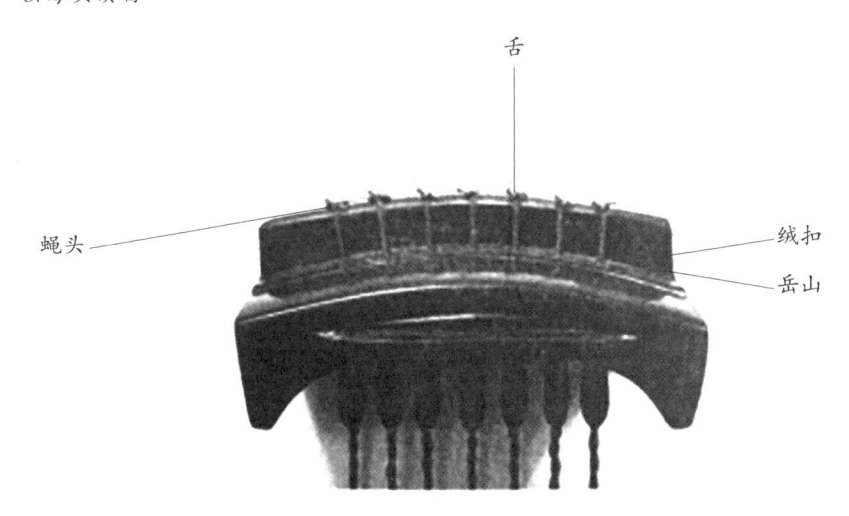

舌

蝇头　　　　　　　　　　　　　　　　绒扣

　　　　　　　　　　　　　　　　　　岳山

古琴款式

古琴的款式也就是古琴的外观形状。古琴款式多样，据统计有50余种，而常见的约20种。古琴款式虽然很多，但其区别不外乎琴首的方、圆，颈腰的曲、直，以及曲线内收的弧度，弧度的单、双。

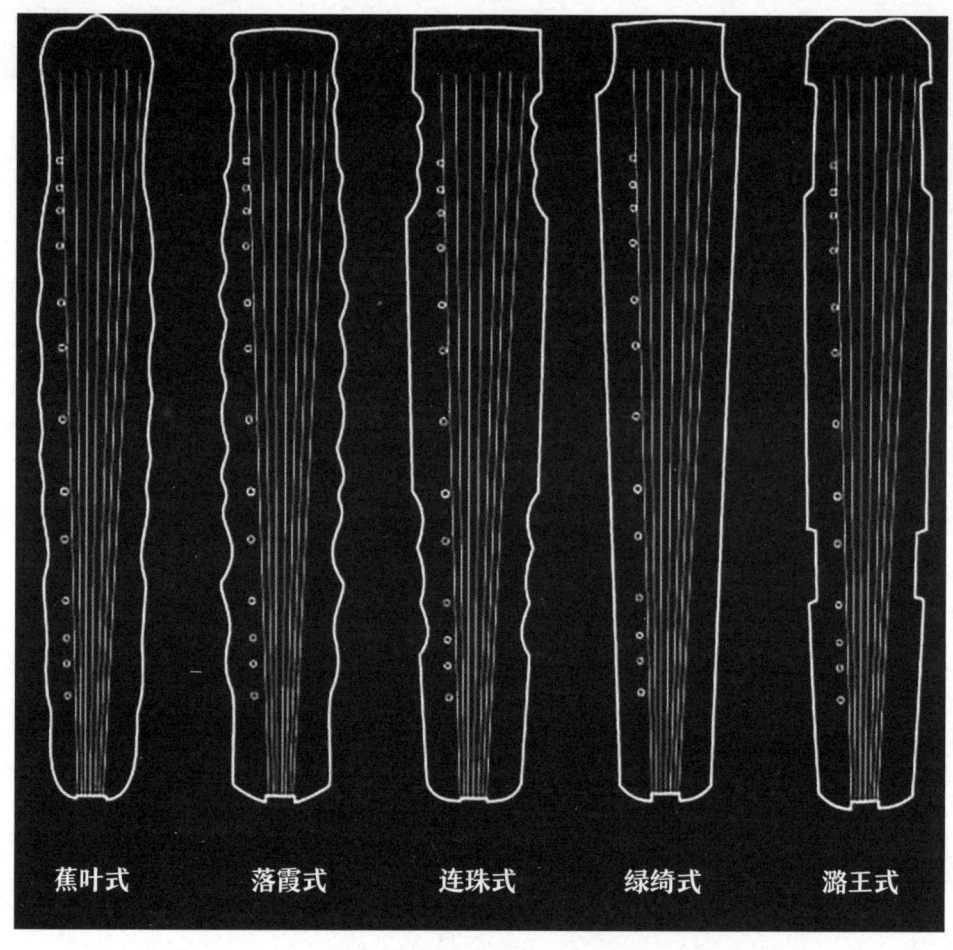

古琴款式（一）

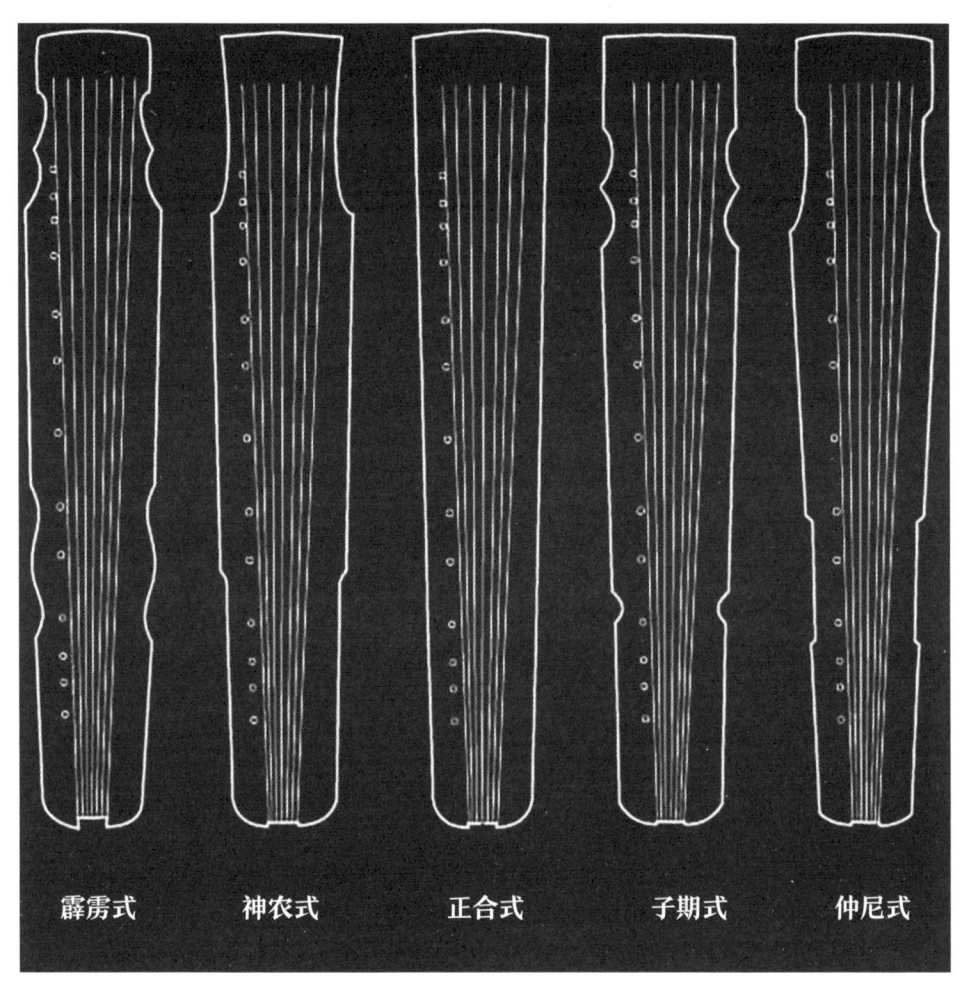

古琴款式（二）

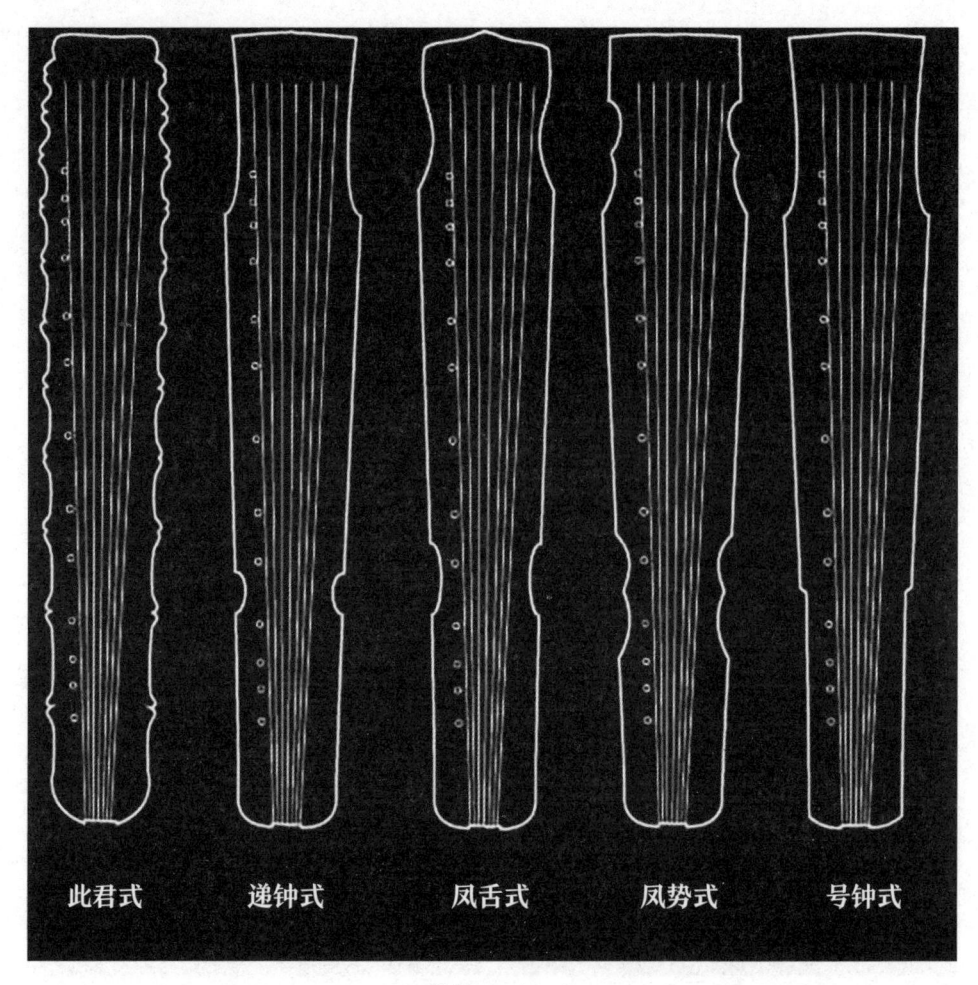

古琴款式（三）

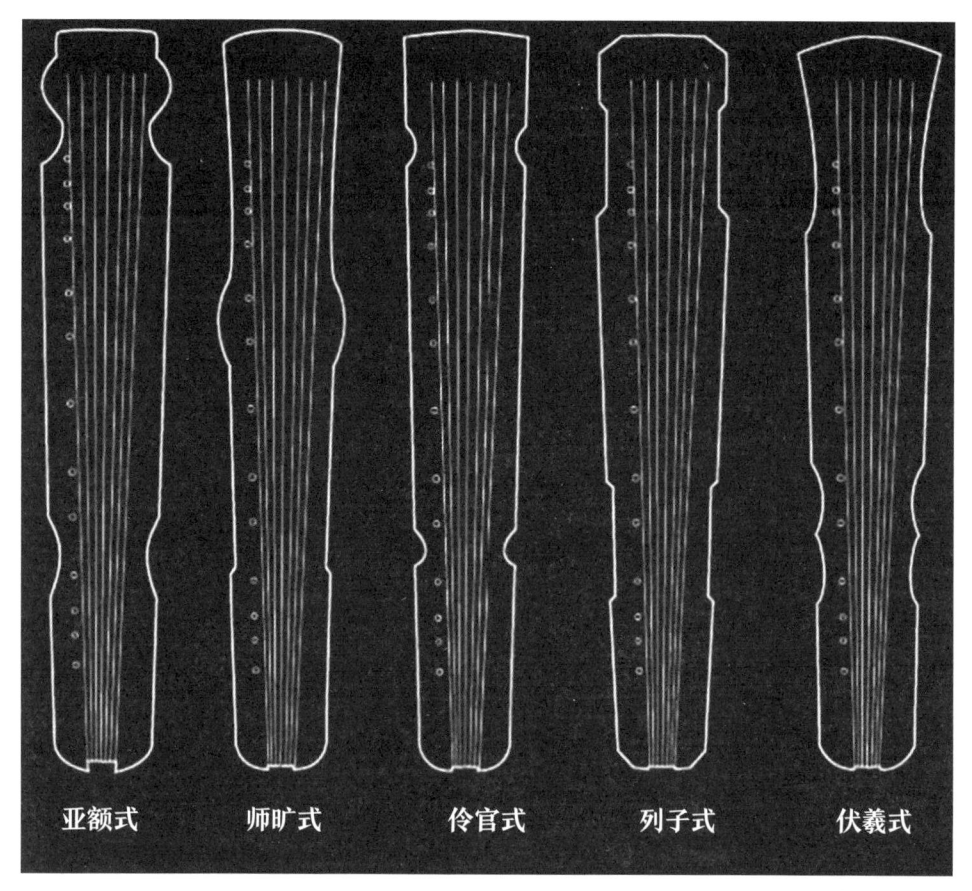

亚额式　师旷式　伶官式　列子式　伏羲式

古琴款式（四）

古琴款式命名基本分为三类：一是以圣人名命名，如伏羲式、神农式、仲尼式、列子式等；二是以物象命名，如落霞式、蕉叶式、连珠式等；三是王室造琴，如宁王琴、潞王琴（式）、益王琴等。可见，每一种琴的式样都有一定的文化内涵。

琴曲文化

历代琴家

　　三千年来，我国出现了许多伟大的琴家。春秋时期的孔子就是其中之一，他经常弹琴，有时还弹琴而歌。伯牙和子期更是被许多人知晓。伯牙弹琴子期知音的故事在《吕氏春秋》中有明确的记载。《韩非子》中记载了春秋时期琴家师旷弹琴引来玄鹤合鸣舞蹈的故事。

　　汉代著名琴家不少，而东汉的蔡邕尤为重要。他能作曲，作有《游春》等曲，被称为"蔡氏五弄"，可惜已失传。所幸，他所撰《琴操》一书流传到了今天。《琴操》记录了四十多首当时弹奏、吟唱的琴曲的曲名和内容，现在保存的一些古琴曲，其根源可以在这里找到，实在是音乐史上的重要文献。

　　曹魏时期的琴家嵇康更为突出。他在政治上有主见，鄙视残暴的司马氏集团；在文学上和音乐上有创造，著述颇丰。临刑，他还要来了古琴，最后一次弹奏《广陵散》，成为千古传诵的奇事，也为我们考察《广陵散》提供了一个重要材料。嵇康所作的《琴赋》向我们展示了琴的艺术所达到的水平、所占有的地位、所具有的技巧、所产生的影响，并且证明当时的琴已经有了标识泛音和音位的"徽"，是完善的琴了。这是现在考察西汉和唐代之间琴的具体情况的重要材料。

　　身历齐、梁、陈、隋四代的丘明所传《幽兰》一曲是流传至今的唯一一首用原始文字谱保留下来的琴曲，原谱是唐人手抄的。文字谱是用文字把演奏过程逐一记录下来的古琴专用谱，是目前所知世界上最早的乐谱。此谱流传到日本，被日本视为国宝，清代晚期才有复制本传回我国。

目前所知的唐代出现的"减字谱"是在文字谱的基础上改进形成的。这种记录演奏指法的谱子是把演奏指法的名称、术语简化成笔画很少的符号并组合起来，一直沿用到今天。大量流传了数百上千年的古琴曲正是用它记录下来的。

唐代有不少造琴名家，如雷威、雷霄以及郭亮、张越等。从传到今天的唐琴来看，工艺、造型、音响都令人叹服。这个时期能弹琴的诗人、文学家不少，职业琴家也不少。不少诗人在诗中写下许多描写古琴的优美词句，从中可以看出当时的一些人具有高超的演奏水平。然而很可惜的是，当时的琴谱（收录古琴曲谱的专书）竟然一种也没留下来。这主要是因为当时印刷术还没有普及，但另一个不可忽视的原因是官方的典礼雅乐排斥古琴，使它未得到很好的发展。再则残唐五代社会动乱，文化被破坏，书籍散佚严重。所幸在史料方面尚有宋人记下的宝贵文字。例如记下了薛易简这位盛唐时期的琴家，并说他曾在宫中供职。僧人颖师更是一位演奏高手，李贺曾有诗赠他。尤其是韩愈的诗，写出颖师所奏琴曲的深度和难度，反映了颖师高超的艺术造诣。

南宋不朽琴家郭楚望是非常值得我们重视的。一方面，他有着高超的琴艺，培养了造诣甚高的弟子；另一方面，他能创作，并有寄托爱国思想的作品《潇湘水云》传世。再有，文学家姜白石创作的琴歌《古怨》，流传至今。这是一部个性鲜明、音乐优美的声乐作品。由于有姜白石自己谱写的古琴指法，因而相对于他的那些用"俗字谱"记下来的作品，对其原貌的探求要更容易些，所以也很可贵。

元代的耶律楚才是一个极爱古琴的人。他遇见了一位琴艺很高的琴家，此人姓苗，号栖岩老人。栖岩老人演奏的《广陵散》使耶律楚才叹服。

明代，古琴有很大发展。朱权（朱元璋第十七子）虽是一个藩王，却对古琴的发展作出了不朽的贡献。他编纂了《神奇秘谱》（成书于1425年），为我们保存了音乐史中的至宝。这是现存最早的一部琴谱。它所收的四十多首器乐琴曲，多是唐宋以前的珍品，就其历史价值来说是有特殊意义的，因为这些是现存最古老的器乐曲了。声乐派（琴歌派）代表杨抡所著《伯牙心法》（1609年刊印）收录了大量琴歌。声乐派一直与器乐派并存，并且有许多珍品传世。

清代，琴艺由兴盛走向衰落。《大还阁琴谱》《五知斋琴谱》中许多明代以前的琴曲有了极大的发展，成为更深刻细致的作品。但到了晚清，弹琴人数减少，演奏曲目范围日益变窄，演奏水平高的人也日益减少。

近代四川张孔山一系，对《流水》作了较大发展。湖南杨时百撰辑的巨著《琴学丛书》是一部系统性、综合性的琴书，并且对《幽兰》《广陵散》作了深入研究。

现代琴家中，查阜西先生在理论研究和文献整理方面有突出的贡献，管平湖先生和吴景略先生在演奏方面有突出贡献。今天，古琴音乐艺术虽然仍是冷门艺术，但也已经为国内外许多音乐家和学者所敬重，而且在国内外有大量的演出活动以及多种出版物。全国各地有不少人在造琴，有的古琴音质已经超过现存的除少数极品之外的大多数古代良琴。

古琴音乐的特点

由于古琴整个琴身就是一个共鸣箱，面板就是指板，出音孔开在琴的背面，所以古琴的音色非常独特。它含蓄、深沉而音韵悠长。古琴有七条弦，是等弦长、一弦多音的无品弹拨乐器。每弦有十三个泛音，都很清脆纯美，因此常常用泛音演奏一个完整的乐段。每条弦上除了都有按在琴面上弹出的音之外，还能通过移动按弦的左手改变音高，产生变化丰富的旋律，这是古琴音乐最大的特点。而在乐曲中散音（空弦音）、按音、走音（移动左手发出的音）、泛音的交织配合，更加丰富了古琴音乐的艺术性，增强了它的表现力。

滑音是一个极为重要也极有特点的古琴艺术表现手法。它不是一般的装饰音，不是一种过渡音，不是一个经过音，而是强调性地表现音乐内容、思想感情，以及风格、气质的重要形式。它的表现使音乐如同唱歌，如同倾诉，有浓厚的语气感。这也是古琴音乐极为普遍和突出的特点。"绰"（上滑）、"注"（下滑）的变化运用除了表现音乐的强弱快慢之外，还艺术地展现了古琴方圆、刚柔、虚实、浓淡的艺术之美，是古琴神采更为重要的构成因素。

古琴曲的类别

现存的上千首古琴曲，内容丰富多彩，李祥霆先生认为主要有下面五种类型：

表现中华民族气节和人民正义斗争

《苏武思君》应是明代以前的作品。这是一首琴歌，音乐深刻感人，歌词热切有力。作曲家李焕之先生根据查阜西先生的演奏及吟唱谱将它改为大合唱，在国外演出后获得了国际赞誉。

表现劳动人民的生活、思想

《欸乃》是明代谱本，应该也是明代以前的作品，表现的是船夫拉纤的劳动生活。其中拉纤的劳动号子音调多次变化出现，并且一次比一次激越。整个乐曲忧郁而又不平，是很有形象、很有深度的重要琴曲。在古曲中，这样直接、具体地表现劳动的作品是罕见的。

《渔歌》表现渔夫在大自然中自食其力，表达其勤劳、乐观、豪迈的情感，音乐中有很明显的类似唱歌的音调。这一琴曲虽然在描写渔夫，却又寄托了作者不满现实、想要遁迹山水的心情。

《雉朝飞》描写一个70岁的牧人，早晨在田野中看见雉鸟成双而飞，感叹自己已是暮年，却尚未有妻，反映了古代贫苦劳动人民的生活遭遇。在更早的时候，这是一首琴歌，在明代的《神奇秘谱》中已经有了器乐曲《雉朝飞》。

表现社会上不同人的遭遇所产生的复杂情感

《胡笳十八拍》是一首大型的琴曲，表现了蔡文姬幸存、别子、还乡过程中悲欢交织的矛盾心情，音乐深刻而细致。

《秋塞吟》表现王昭君离别故国、远嫁异族的悲凉情感，音乐委婉细腻，很有特色。

《阳关三叠》是在唐代诗人王维《送元二使安西》一诗的基础上发展成一首琴歌的。20世纪50年代，《阳关三叠》曾被改成合唱，又被改编成二胡、管子独奏曲，影响甚广。

《忆故人》是晚清出现的琴曲，表现人在山中月下徘徊叹息，思念友人。音乐结构完整，逻辑性强，婉转曲折，非常感人。

表现具有哲理性的思想感情

《墨子悲丝》源于一则历史典故：墨子看到洁白的丝被染成不同的颜色，感叹人们在社会上由纯洁而变得形形色色，从而产生悲思。这首琴曲含蓄而有深度，表现了墨子的内心活动。

《鸥鹭忘机》来自一则古代寓言：有个喜欢鸥鸟的人，每天早上都到海边跟鸥鸟玩耍，来的鸥鸟有成百只。他父亲说："我听说鸥鸟都爱跟你游玩，你抓一只回来给我。"第二天他来到海边，鸥鸟都在空中飞翔而不下来。（《列子·黄帝》）乐曲描写了当人在忘却害人的动机时，鸥鸟悠然无虑、自由飞翔的情景，同时隐约有惆怅之感，好像孕育着可悲的结局。

表现大自然的景物并抒发人的内心情感

《流水》一曲描绘了水流自山泉小溪至江河湖海的种种形态，表达了对壮丽的大自然的赞叹。

《平沙落雁》通过对天高气爽、水远沙明及大雁的飞翔、鸣叫、盘旋、降落的描写，描绘了一幅雅致清秀的图画，使人产生安静闲适之感。

音乐的本质和古琴音乐的作用

音乐的本质

1.旋律：旋律是乐音有节奏的和谐运动。五线谱本身就形象地表现出了音乐随时间的运动形态。

2.曲式：曲式有所谓二段体、三段体等，表现旋律如何重复、变化，也属于音高随时间的运动，只不过更复杂些，呈现了一些变化的规律。

3.拍子：拍子是声音的强弱随时间的分布。例如3/4拍，是第一拍重，第二、第三拍轻，如此反复；而4/4拍子，则是在一个小节里等时地按强、弱、次强、弱的规律不断反复的强弱相间的声音的运动。

4.节奏：节奏也是声音的强弱随时间按某种规律的分布，如"腰鼓点子"就是一种节奏。

5.力度：力度实际上是声音强弱的变化率。一个声音由弱变强，如果时间短，我们就说力度大，反之就是力度小。这同由弱到强"加速度"的大小是一致的。

6.速度：速度是旋律和节奏进行的快慢。

7.和弦：3个或3个以上不同音高的音的叠置叫作"和弦"。这是音高的空间组合。例如，在纯律下（不同的声律方法下，同名音的音高即频率是不同的），大三和弦的3个音的频率比是4∶5∶6，而小三和弦则是10∶12∶15。

8.调式：调式是指七声音阶中的音按音高顺序排列的方式，不同的排列方式形成不同的调式。例如，从主音即第一音开始向音阶增高方向，第三、四音及第七、八音之间是半音，其余各音之间是全音，就构成自然大调式，听起来就是do、re、mi、fa、sol、la、si、do（高度）。同样，从主音即第一音开始向音阶增高方向，第二、三音及第五、六音之间是半音，其余各音之间是全音，就构成自然小调式，听起来就是la、si、do、re、mi、fa、sol、la（高八度）。

9.音色：频率随强度的分布是频谱，不同频谱对应不同音色。音色有时也作为音乐的基本主观量之一（其他的主观量有时值、响度）。

10.织体：织体指音乐作品中各种乐器的交织，即旋律、节奏、音色的穿插运动。

11.伴奏：伴奏包括引子、过门，有时有人也把它当作一种音乐表现形式的要素。实际上也就是音乐的织体中多了一些层次，或在某些地方增加了些旋律（如前奏、过门、填空音）。

以上这些要素就构成了音乐的体裁。

音乐是表达人类情感的重要载体

音乐能迅速引起人们情感的共鸣。音乐对人的情感的作用很直接，声音刺激人的感官，唤醒听觉、感觉、知觉，蔓延到大脑神经系统，引起生理变化，改变了心跳、呼吸、血流的频率及运动神经的活动频率，于是就产生了相应的情绪和情感。

音乐通过有组织的音（主要是乐音）形成艺术形象，表现人们的思想感情，反映社会现实生活。音乐给人们的感受首先是情绪上的反应，如愉快、烦躁、激动等，而情感又反映了人们对客观事物所持的态度。音乐的旋律是情感的直接载体。因此音乐能给人以情感的移入，它能更直接地进入人的情感世界，被誉为"最有情感的艺术""人类感情的速记"。

古琴音乐的作用

修身养性，调畅情志

古琴音乐修身养性的作用可以从古琴曲内容中得到体现。按照儒、释、道对琴曲进行的分类，《文王操》《猗兰操》《韦编三绝》《梅花三弄》等儒家曲目体现了社会担当、积极入世、坚韧高洁的阳刚精神，《岳阳三醉》《渔樵问答》《酒狂》《列子御风》《猿鹤双清》《凌云吟》等道家曲目则体现了热爱自然、超凡脱俗的人生态度。

音乐是表达情感的良好载体，古琴音乐通过不同的旋律表达不同的感情思绪，对人的思想感情产生种种影响。如《广陵散》慷慨激昂，旋律高低音、速度对比明显，强烈的对比形成反差，可以给听者带来情感上的释放与宣泄。再如《长门怨》曲风哀怨，可以排遣落寞；《捣衣》曲调欢快，愉悦身心；《普安咒》《良宵吟》《平沙落雁》曲意宁静，风格端庄，让人身心平静。

旋律优美，带来审美体验

古琴曲不仅有悦耳的旋律，也会给人带来许多美好的遐想，从而带给我们审美体验。

比如《高山流水》，此曲据传为先秦俞伯牙所作，传至唐分为《高山》《流水》两曲，宋时形成《高山》四段、《流水》八段。《流水》流传度远高于《高山》，以至于可以取代《高山流水》。曲子一开始是互为八度的高低音，呈现了一种从山上远观的视角，随着音乐的发展出现一串活泼的泛音。虽然乐曲主题是描写山间流水，却能让人联想到在山间踱步，太阳光透过树叶缝隙随脚步跳动。

比如《梅花三弄》，借梅花迎风傲雪、不畏严寒的形象，喻人的高洁品行。音乐开始是一串低音，营造了一种寒冬的恶劣环境，旋律不停地回归到主音上，展现了一种生命的韧性。接着一段主旋律以泛音的形式出现，整体上是在主音与主音上方纯五度展开，积极向上、华彩动听。主旋律在整曲中重复三次，故称"三弄"。三个小标题分别为《暗香浮动》《凌寒盛开》《笑傲霜雪》。

又比如《韦编三绝》，乐曲一开始用"撮"模仿钟声，营造了一种静谧的环境，接着就是成段的往复音，描写了夫子日复一日研读的场景，其中集中的上滑音刻画了夫子读书屏息凝神的思考状。整曲旋律在中音、高音、中音中往复三次。中音到高音的进行，描写夫子的思考进入更高的境界；由高音回到中音，是对夫子思有所得的欢愉之状的描写。

又比如《猿鹤双清》，借自然界之猿、鹤写人之自由态。其中一段下行旋律表现了一种愉悦状。

附　李祥霆古琴曲《梅花三弄》鉴赏

《梅花三弄》原是东晋时的一首箫曲，在唐代被移植到古琴上。今天广为流传的《梅花三弄》是清代谱本，与五百多年前《神奇秘谱》中的《梅花三弄》相比，只是局部作些润色。所以这里所谈的《梅花三弄》至少是六百年之前的古曲。所谓"三弄"，就是此曲的一个主要旋律出现三次。这个旋律可以看作是《梅花三弄》的"主题"。它的三次出现，都是运用泛音演奏，但不在同一音区，音色变化鲜明。《梅花三弄》以较自由的慢板开始，主要用空弦音。音色清朗淡雅，音乐舒展宁静，勾描出一幅空山月下、瑞雪流泉的图景。在音乐表现上，其与乐曲的分段小标题意境一致。该段音乐是在古琴的低音区演奏，空弦音坚实而清澈。

第一段的结尾用按音与空弦音交替演奏，节奏较密，把音乐向前推进，表现了坚强的枝干在微风中稳立。

在第二段中，梅花主题（第一次出现）在高音区以泛音奏出。每一个乐句的结尾都是一个长音，并且sol和mi都作多次同音重复，又有切分和大跳。音乐淡雅而流畅，悠扬而又活泼，与第一段形成对比。这段泛音是在琴尾（称为"下准"）演奏的。此处弦的主振动部分长，音色明亮而又柔和，音量较小而又清晰，颇具玉蕾初放的清高淡雅之趣。

第三段是第二、四段的连接与过渡，把第二段与第四段衔接起来。这是一个流畅的、以按音和走指音为主的乐段。其音色和形象都与前后形成对比，既是一个过渡，又是一个转折。此段可以理解成对梅花的赞美。

在第四段中，在中音区用泛音演奏主题音乐，这是古琴泛音的最低区域，在中准，以二分之一处泛音为主，弦的振动最为充分。音乐含蓄、柔和、润透，似乎是描写梅花丰满、温柔的一面，使我们联想到饱满的花朵散发出幽香，在夜空中飘散。

第五段一开始即以较快的速度、较密的节奏出现，与第四段形成鲜明的对比，音乐充满热情，特别是后半段的音程大跳使人感到盛开的梅花在风雪中充满信心和活力。这一段在古琴的中音区以按音为主演奏，加上左手连续进退，因而音乐活跃流畅，富于动力，显示了古琴这种无品弹拨乐器兼具拉弦乐器的歌唱性强的特点。

接着，在第六段中，主题第三次出现。虽然与第一次出现在同样的音区，但是在古琴的不同位置上（琴头一端在古琴上被称为"上准"）奏出。这里的泛音点与岳山靠近（接近拨弦点），弦的振动部分短，所以音质较前者刚劲。此外，又有几处的音作八度的变换，产生跳跃感，速度进一步加快，在形象和情绪方面体现了梅花给人的崇高和坚定之感。

第七段是全曲的高潮，但它不是已经出现过三次的主题，而是新的形象。这里充分运用古琴空弦音和按音交错使用的相隔两个八度音的多次重复，音型也较为密集，可以看作对梅花的热情赞美和讴歌。

第八段是第七段热烈情绪的简短延续，一个小的波澜，在结构上是一个过渡。

第九段是第七段的低八度的再现，音区降低了，音色更为柔和，速度也有所减慢，在讴歌中注入了亲切感，音乐走向结束。前面的两个八度音的重复在这里成了八度音的多次重复，音乐在变化中更和谐，情绪趋向平静。

第十段转为散板，音乐流畅。尤其是徵音上连续八度、同度双音重复，很洒脱。

此段音乐使人体味到坚强、高洁的梅花是可以被理解和亲近的。

全曲最后在清润的泛音乐句中结束，好像使人又回到了溪山月夜之中。

古琴斫制的历史与发展

古琴斫制就是古琴的制作，意指用刀斧等工具砍削。古琴的主体结构为两片完整的木板，对木板的砍削凿挖贯穿整个制琴的木胎过程，所以就用"斫制"一词特指古琴制作。相对于古琴曲谱的记载，古琴制作方面的文献较少。有关古琴斫制的文献大概可以分为三类：传说记述、相关文献及斫琴专著。以下从各个时期斫琴人物的角度对古琴斫制历史传承与发展作一概述。

传说时期

因为没有当时的文字以及具体资料的留存，所以这段时期就成了中国历史上的传说时期，也是普遍认为的古琴的起源时期。

伏羲

伏羲，又称牺皇、皇羲、太昊，《史记》中称伏羲，为中华民族人文始祖。

根据传说，古琴文化的历史可以上溯到伏羲。"伏羲见凤集于桐，乃象其形"，削桐"制以为琴"（《太古遗音》）。这是有关古琴斫制的最早的传说。据此，可以认定伏羲为最早的斫琴者。

虞舜

虞舜，上古华夏部落联盟首领。姚姓，有虞氏，名重华，史称虞舜。

《礼记·乐记》记载："昔者舜作五弦之琴，以歌《南风》，夔始制乐，以赏诸侯。"这是关于古琴斫制的比较明确的记载。

两汉

这是古琴的发展期。这一历史阶段出现了很多卓有成绩的斫琴大家。

蔡邕

蔡邕，字伯喈，陈留圉（今河南杞县西南）人，是东汉文史大家，同时也是琴文化史上非常有影响的琴学大家，因曾任左中郎将，又称"蔡中郎"。蔡邕从小博学，工于书画，尤精琴道。他著有《琴赋》《琴操》等重要琴学专著，是早期古琴文化的集大成者。

《蔡邕别传》中说：吴人烧饭时，蔡邕听到烧木爆裂的声音，他认为这块木材是制琴的良材，因而从灶中将其抢出，制成琴后，果然音色极好。因琴尾有烧焦的痕迹，故名"焦尾琴"。据此推断，蔡邕是善于斫琴的。

唐

唐代在斫琴史上属于承前启后的时期。古琴经过一千多年的发展，到唐代已经非常成熟，到现在还有盛唐、中唐、晚唐琴器传世，并且部分官琴槽腹中落有年款，这就给我们研究唐代古琴制作提供了确凿的依据。唐代古琴演奏水平的提高，促进了制琴工艺的发展。就古琴制作水平而言，唐代可以说是制琴史上的一个高峰，古琴的形制、选材、斫制、髹漆等各项工艺，都达到了历史新高度。这一时期也出现了大规模的造琴活动，《琴书大全》记载，隋文帝的儿子杨秀被封为蜀王，曾"造琴千面，散在人间"。

雷氏

雷氏出于四川，大历年间称他们所造之琴为"雷公琴"。其家族三代人皆善斫琴，著名者有雷俨、雷霄、雷威、雷钰、雷文、雷会、雷迅等人。

李勉

李勉，字玄卿，其曾祖李元懿为唐高祖李渊第十三子。李勉著有《琴记》，其中记载了琴面厚度等斫琴数据，是斫琴方面的重要史料。

郭亮

郭亮，为蜀中名家。其所斫之琴的特点是清雅沉细。

张越

张越，为吴地斫琴家。"唐贤取重惟张、雷之琴……张琴坚清，声激越而润。"（《琴苑要录·斫琴法》）

沈镣

沈镣是吴地（今苏州地区）的一位斫琴家。他是当时"斫琴四大家"之一。文献记载，"镣（琴）……虚鸣而响亮"（《陈氏乐书》）。

宋元

宋代是唐以后斫琴史上的另一个重要时期，上承唐代优良的斫琴传统，加之帝王公卿重视，文人学者喜爱，宋代的斫制技艺逐渐形成极具代表性的时代风格。"宋时置官局制琴，其琴具有定式，长短大小如一，故曰官琴，但有不如式者俱是野斫，宜细辨之。"（《格古要论》）可见当时由政府设局专司制琴，留存到现在的尚有一定数量的宋琴。宋代皇帝也亲自参与古琴的设计制作。如宋太宗根据周文王、周武王给古琴各加了一条弦的记载，制作了九弦琴，宋徽宗收藏了南北名琴藏于宣和殿，号称"百琴堂"，足见宋皇室对琴的重视程度。宋代琴家操缦之余，写下了不少琴学著作，成为后世研究宋代琴器发展的重要参考文献。

僧智仁

僧智仁，北宋初期僧人，工诗能文，善于斫琴，为北宋斫琴家。

卫中正

卫中正，北宋仁宗时期斫琴家，道士，曾奉旨斫"琼响琴"。

石汝砺

石汝砺，北宋斫琴家，著有《碧落子斫琴法》。《碧落子斫琴法》是宋代重要的斫琴专著，较早地总结、记载了斫琴中底板、面板的厚薄比例不同所产生的不同的音色效果。如"凡底厚面薄，木浊泛清，大弦顽钝，小弦焦咽。面底俱厚，木泛俱实，韵短声焦。面薄底厚，木虚泛清，利于小弦，不利大弦。面底皆薄，木泛俱虚，其声疾出，声韵飘荡。面底相当，虚实相称，弦木声和"。

马希亮与马希仁

马希亮与马希仁，北宋末期斫琴家。马希亮于徽宗年间曾奉旨重修卫中正斫制的"琼响琴"。

金渊

金渊，南宋初期斫琴家，汴梁人，绍兴年间斫琴妙手。

金公路

金公路，南宋初期斫琴家，即所谓金道。金公路所斫之琴薄而轻，是南宋斫琴作品中清秀琴型的代表。

陈亨道

陈亨道，南宋初期斫琴家。所斫之琴厚而古，属于南宋琴器中保持传统风格的一类。有宋一代还有蔡睿、朱人济、马大夫、严樽、龚老、林果、梅四官人等斫琴技艺较高之人。

朱致远

朱致远，元朝斫琴家。元朝的斫琴家以朱致远、严清古、施溪云最为有名，而朱致远为其首。所斫之琴大气沉稳，浑圆中隐有唐风，为元琴斫制之最精者。

明代

明代造琴之风甚盛，历朝皇帝、亲王以至宦官中，喜欢弹琴的很多，所以制作了大量的古琴。上行下效，因此民间造琴之风甚盛。

明宪宗、思宗等俱好琴。思宗嗜琴成癖，《大还阁琴谱·陆符序》载："上雅好鼓琴……所善可三十曲……鼓琴多至丙夜不辍休。"明代擅琴的太监也特别多，著名的有明中叶的戴义、明末的张元德等，张元德即是"内监张姓者主琴务（《吴梅村诗集笺注》）"的。今北京故宫尚存戴义奉弘治御旨监制、名手惠祥所斫仲尼琴一张，制作精美且具金石之声。《琴学丛书·藏琴录》记杨时百藏伏羲式"飞龙"，又《今虞琴刊》载黄则均藏仲尼式"龙吟"，据两琴腹款可知，都是崇祯戊寅年（1638）张元德奉旨督造的。

明代宗室造琴之多，可以说是空前绝后，如清末民初杨宗稷的《琴学丛书》所言："明宁、衡、益、潞四王皆能琴，潞琴最多，益次之，宁、衡最少。"他藩虽有制琴，流传则逊于四王。

今天所能见到的益王琴，制作、声音多属上品。四王中潞王虽为后起，但造琴是最多的。潞王琴制作开始于崇祯癸酉年（1633），数量有四五百张，式样、尺寸都有统一要求，并在槽腹内按年份次序编号，琴背部都刻有"中和"琴名、"敬一主人"印、"月印长江水"诗一首、"潞国世传"大印一方。圆池方沼，灰胎都是八宝灰，琴面圆拱镶金徽，断纹大多是流水兼牛毛断，音色富有金石韵。崇祯甲戌年（1634）潞王朱常淓纂集《古音正宗》称其"中和"琴为"皇明潞王敬一道人式"。

宫廷宗室以外，明代民间制琴名手也不少，据载，"如我朝明高腾、朱致远、惠桐冈、祝公望诸家造琴……若祝海鹤之琴，取材斫法，用漆审音，无一不善"。又《文会堂琴谱》载："我朝成化间则有丰城万隆，弘治间则有钱塘惠祥，其琴擅名，当代人多珍之。"除上列诸家之外，万历至崇祯间，尚有江西涂氏，如涂明河、涂嘉宾、涂嘉彦，《今虞琴刊》曾载涂氏造仲尼式琴，其音洪透；又如钱塘汪氏，汪舜卿、汪舜臣，所制之琴形俱厚朴方整，发音清亮；苏州还有张氏家族，如张敬修、张季修、张顺修、张睿修、张敏修等。张岱《陶庵琴忆》称张敬修斫琴为吴中绝技之一，"可上下百年，保无敌手"。张季修所制之琴外形厚实，发音苍雄；张顺修、张睿修所制之琴尺度均适中，多髹黑漆，呈牛毛断纹，且音色清越可听；张敏修所制之琴偏狭小体轻，灰胎略脆薄，常发流水断、牛毛断，面底圆拱而音转沉浑。

明代斫琴的主要成就在于式样的增创，如宪宗的洛象式、宁王的飞瀑连珠式。宋人《太古遗音》收历代琴式38图，明末《文会堂琴谱》《古音正宗》等增至44种。

明代新创琴式中最负盛名的，当推祝公望所创"蕉叶"。其传世蕉叶，体偏轻巧而音清灵，通体黑髹流水断，发音苍古静透。

万隆

万隆，明朝成化年间斫琴家，丰城人。其琴为时人所重。

惠祥

惠祥，明朝弘治年间斫琴家，钱塘人，所制佳琴甚多。传世名琴中有其作品。

南昌涂氏

南昌涂氏，为明朝专业斫琴世家之一，名家有涂明河、涂嘉宾、涂嘉彦等。涂明河为涂氏中最著名者。涂氏之琴，发音洪透，漆灰多用生漆调无名异，有别于苏州张氏之琴。

钱塘汪氏

钱塘汪氏，为明朝斫琴世家之一，名家有汪舜卿、汪舜臣。汪舜卿最为著名。汪氏之琴，形俱厚朴方整，发音清亮。

张氏五修

苏州张氏，为明朝斫琴世家之一，名家有张敬修、张季修、张顺修、张睿修、张敏修五人，在当时俱有名望。

清代

自古以来，不论帝王公卿、布衣隐逸，凡是嗜琴者都有收藏古代传世好琴的雅好，清代亦然。清宫的收藏既富且精，有些宗室也以收藏重器而闻名，琴家拥有数十张琴的亦比比皆是，但是亲贵中大量斫琴得以传世的则很少。现在知道的仅清末名臣张之洞一人，据琴家王生香题光绪庚寅年（1890）无竞居士款"山水清音"琴："无竞居士者，南皮张之洞别号也，相传造琴百张，流布人间，此其一也。"该琴制作考究，发音清越。此外，清代没有斫琴的名工巨匠，很难与前代的雷、马、祝、张等名家相提并论。清代制琴技术大不如前，一是朝廷皇室对斫琴的忽视，二是前代传世古琴数量太多。有清一代造琴传统的继承者，其实是以民间琴家为主。

清代弹琴风气盛行，刊行琴谱的数量多过前代。清初制琴，仍具有明末遗风，不失规矩。康熙年间涂居运制琴，造型断纹逼肖明斫。

雍正、乾隆时期的唐凯，藏琴很多，收藏的"石上清泉""海天秋月""鸣冈""洞箫"等，至今犹存。

乾隆时期，造琴尚属规矩，如砚琴斋藏乾隆庚戌年（1790）杨璜斫仲尼式琴，外形制作仿如明琴。乾隆以后，制作水平下降，斫琴专著也不多。蒲城琴家祝桐君著有《与古斋琴谱》，除论述音律指法外，还详列了制琴及髹琴法，并且以图文介绍斫制所需工具。此书刊行于咸丰年间，百余年来已经成为斫琴者必读之书。

清末琴家造琴不少，现存的有四川人叶介福制"清夜钟"，祝桐君之徒——上海张鹤斫膝琴"归凤"，湘人龚庸礼以雷击木制成之无名琴等，款式都是仲尼式，并且音具古韵，以及谭嗣同斫制之连珠式"砂砾"、落霞式"残雷"，光绪六年（1880）刘熙甫制"竹节"式琴等传世。

张之洞

张之洞，字孝达，号香涛、香严，又号壹公、无竞居士，晚年自号抱冰老人，直隶南皮人，清朝洋务派代表人物之一，晚清重臣。其母善琴，张之洞自然受到影响。他不仅弹琴，而且能够斫琴，名于当世。

王露

王露，字心葵，号雨帆，山东诸城人，与王心源、王冷泉合称为"诸城三王"或"琅琊三王"。通音律，善琵琶，长古文辞。15岁师从王心源学虞山派琴曲，三年尽通其业，继而潜心研习王冷泉传谱的金陵派琴曲，故其琴艺兼具金陵派指法精妙及虞山派取音古淡的特点。著有《玉鹤轩琴谱》《玉鹤轩琵琶谱》等。他于演奏之余又善斫琴，一生斫琴260余张，曾选6张赠予孔府。有斫琴专著《斫桐集》传世。

现当代

民国时期，斫琴之风复兴盛，如吴浸阳获明代屋材，斫琴64张，以《周易》六十四卦为名，声音洪透；宾玉瓒得到湖南省长公署旧桐木，监制各式琴140张；山西孙净尘也曾监制各式琴200张以上。

徐元白

徐元白，号原泊，浙江临海人，现代浙派古琴泰斗。

徐元白师从浙派名家大休上人，后走访各地名师，在继承浙派"微、妙、圆、通"潇洒奔放特色的基础上，兼采诸家特色，形成了古朴典雅、深造内涵、善于抑扬顿挫的琴风。

管平湖

管平湖，名平，字吉庵，号平湖，江苏苏州人，现当代最杰出的琴学大家之一。

管平湖之父管念慈为"如意馆"著名画师，能琴，颇受光绪帝赏识。管平湖从小随父学画习琴，父丧后又随叶诗梦、张相韬学琴，后师从九嶷派创始人杨时百，再后又从学于武夷派悟澄老人，而他的《流水》是受教于山东道人、川派琴家秦鹤鸣。

管平湖善斫琴，其"大扁儿"琴即为自制。

孙毓芹

孙毓芹，字泮生，河北丰润人，现代梅庵派琴家。

孙毓芹最初学琴于田畴，到台湾后师从梅庵琴家章志荪。他初到台湾时，因没有琴，故自学斫琴，经长期摸索，遂通斫琴之道。

徐匡华

徐匡华，浙江台州人，当代浙派琴家。

徐匡华为浙派名家徐元白之子，自幼受家学熏陶，十三岁随父学琴。抗日战争时期，他中断习琴而就读于四川大学史地系，毕业后任上海正中书局编辑，在重庆、上海等地教过书。

"文革"后期，徐匡华重操琴艺。"文革"结束后，他从工作单位退休，专心于琴事。1979年，他组织成立古琴研究小组，并颇有成果。1986年，他在古琴研究小组的基础上成立了"西湖琴社"并任社长。

徐匡华也善于斫琴，在古琴共鸣腔的设计上有自己的风格，所制的"徐琴"在外观和音质上均有自己的特点。

古琴声学原理

古琴结构及槽腹的声学原理

古琴的结构

古琴主要由面板、底板、配件、灰胎、面漆五部分构成。其中面板主要由琴头、槽腹、纳音、天柱和地柱、足池、琴尾等构成，底板主要由龙池、凤沼、足池、轸池、护轸、雁足、龈托等构成。

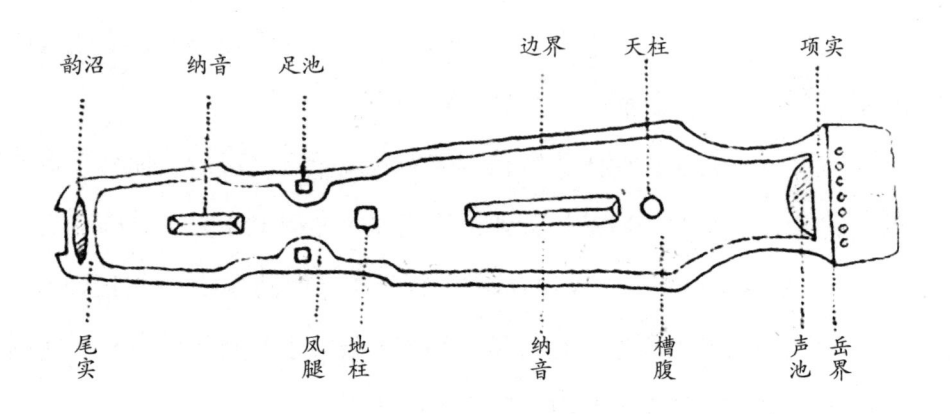

古琴结构（一）

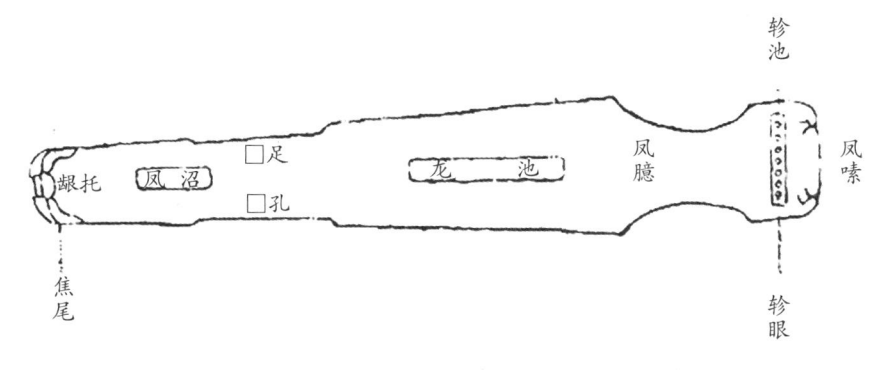

古琴结构（二）

面板是琴体上面的一块琴板，它是古琴最重要的部分，一般用桐木和杉木制成。面板的厚度结合槽腹的弧度决定了一副琴的音质水平。

琴面：呈弧形，自项以上逐渐低头至岳山称为"流水处"，也称"岳流"。

槽腹：指面板中间的挖空部分，也称"琴腹"，是古琴的共鸣腔。槽腹结构决定了一张琴的音量大小及音色属性。

底板：一般用楸木、梓木制成。其肩下开有长方形或圆形音孔，称为"龙池"；足后尾前的音孔，称"凤沼"；腰中近边处开两个小方孔，为足孔，上安两足，叫"雁足"；首部两旁倒垂的部分，名为"护轸"。

琴面上岳山与承露另用紫檀木或花梨木等硬木雕成并镶入面板，尾部的龙龈和冠角亦然，十三个徽位用螺钿或金玉制成。

琴首：琴首形如覆舟，顶面中开一偃月形穴，名为"舌穴"，穴中凸出部分称"凤舌"。

琴腹：琴额部岳内留实木，名叫"项实"。项实后整个是槽腹。

腹中正对琴底池、沼两处微微凸起的部位名为"纳音";安雁足处亦留实木,中开方孔,称作"足池";肩下腹中设一圆柱(顶住底面),称"天柱";腰下方的称"地柱"。

槽腹的声学原理

从声学结构而言,古琴可分为四个系统:振动系统、激励系统、传导系统和共鸣系统。其中,琴弦是振动系统,是古琴产生振动的因素之一;激发振动的激励系统指的是人的手指;传导系统则是岳山;共鸣系统是能够迅速扩散振动能量的结构体,也就是本节的研究部分——古琴共鸣体。古琴共鸣体的主体部分就是槽腹构成的"音箱"。

弦乐器的音高(发音频率)由振源决定,音质则取决于共鸣腔。古琴共鸣腔体非常长。根据物理原理,某一频率的声音若要在共鸣腔里产生共振,它的波长不能超过共鸣腔长度的四倍。因此古琴共鸣腔的共振峰范围很大,对振源所发出的大多数频率,都可以产生良好的共振,所以古琴具有独特的音色——含蓄、深沉而音韵悠长。

古琴的槽腹在雁足处分界,形成两个共鸣箱,大的叫"龙池",小的叫"凤沼"。一张好琴的龙池和凤沼的比例应该是合理的。通过对大量传世古琴的槽腹进行测量,发现大部分雁足的位置在尾托与项实之间的黄金分割点左右,就是大约2/3或0.618这个位置上。黄金分割点的确定,使古琴槽腹中龙池和凤沼两个共鸣箱形成固有频率的和谐音程的关系,这样的比例关系再配合其他的结构设计,使古琴的音色趋于完美。

唐代李勉在其《琴记》中较早地记载了当时琴面的厚度:"其身用桐,岳至上池厚八分,上池以下厚六分,至尾厚四分。"北宋石汝砺在《碧落子斫琴法》中较早地总结、记载了斫琴中底板、面板的厚薄比例不同所产生的不同的音色效果："凡底厚面薄，木浊泛清，大弦顽钝，小弦焦咽。面底俱厚，木泛俱实，韵短声焦。面薄底厚，木虚泛清，利于小弦，不利大弦。面底皆薄，木泛俱虚，其声疾出，声韵飘荡。面底相当，虚实相称，弦木声和。"以上记载虽没有具体的数字标注，但经验丰富的斫琴者可以看出其中的深刻含义。

这些对古琴面板、底板厚薄比例的总结，绝对不是靠单纯的斫琴或单纯的演奏所能达到的，而是经由演奏到斫琴，再从斫琴到演奏这样长期互相验证所得出的，是历代演奏家与斫琴者在演奏和斫琴实践中长期共同探索所总结出来的。这些经验对我们的斫琴实践有着积极的指导作用。

古琴断纹的产生及声学变化

古琴断纹即古琴胎体表面漆层自行开出的裂纹。年久而裂出的断纹在功能和审美方面赋予古琴的独特体验与观感，成为传世古琴文化象征不可或缺的重要组成部分。功能上，断纹能够明显改善琴音的声辐射品质常数及声阻抗、声衰减系数，以形成通透深沉的音质效果，其特殊的剑锋状断纹触感也给弹琴人以舒适的触感享受。在审美方面，由于传世古琴既是一种弹奏乐器，又具有传承性，在千百年中，历代无数琴人弹奏及修复古琴的历史活动赋予了断纹丰富多样、独具特色的外观形式以及内在的人文情感。

蛇腹断（九霄环佩）

古琴断纹种类

古琴断纹种类丰富。按纹路组织方式，断纹大致分为垂直于琴面的纵向式和交织式两种。典型的古琴断纹类型，除纵向式蛇腹断、流水断、牛毛断，以及交织式冰裂断、龟背断、龙鳞断、梅花断等以外，还有很多其他形态。[①]

---

① 刘丽霜，石霖，王宜飞，曾利.古琴断纹形成机制及审美价值研究[J].设计艺术研究，2021（6）:117-121.

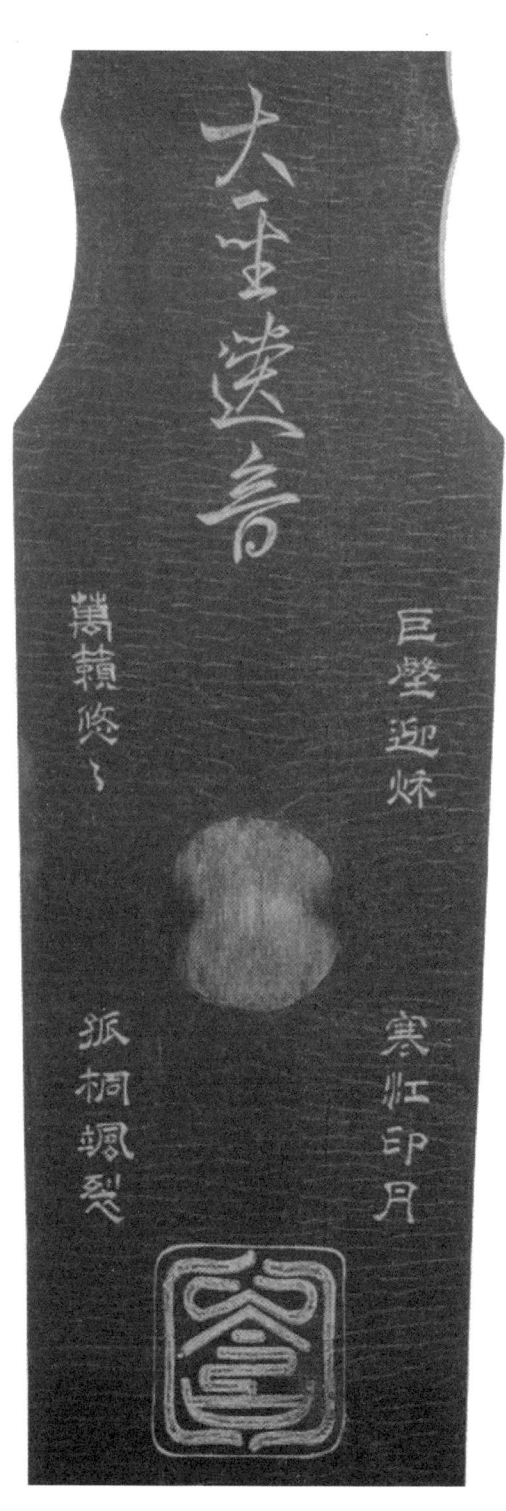

牛毛断（大圣遗音）

古琴断纹产生的原因

古琴断纹是多种因素造成的,既有漆层及木胎物质衰变等内因,也有人工弹奏和修复影响等外因。

古琴出现断纹,是指不同膨胀系数的木质胎骨与漆层在时间和气温的影响下产生胀缩而出现裂纹。木材与漆层的胀缩所产生的力作用于漆层缺陷点,即表面的微观缺损处,逐渐开裂扩展,故漆层结构本身应力大小以及材料胀缩所产生的内部拉力大小决定了断纹的开裂速度。很多古琴由于木胎本身具有较大的伸缩性先形成横截琴面的纵向长断纹,后续漆质自然老化持续增裂出细小纹路。

另外,琴弦张力与弹奏时的音乐振幅对漆面起断的影响也是一个不可忽视的因素,它在某种程度上导致了漆面缺陷点的产生、裂纹的扩展,并影响其扩展方向。断纹成因复杂,木胎材料的选择、形制构造、髹漆材料的选择以及髹漆工艺技术的应用等多种复杂的因素,决定了断纹的断裂形状、开裂状态(断纹的坚固程度、开裂时所裂出"剑锋"的凸出程度、开裂大小等)及纹形组织效果。

此外,古琴在使用、保存和流传的过程中,内外部因素造成的破损必然或多或少地被前人修缮了。一张年代久远、使用频率高的断纹琴,因古人修琴时创作式的修复手法,也会形成不同效果的断纹。

古琴断纹的声学变化

断纹琴珍贵难得,亦给琴体带来别样美感,提高了古琴的收藏价值。此外,研究表明,断纹对于琴音不仅无损,反有增色:"究其原因是声学品味上声音的声辐射品质常数、声阻抗、声衰减系数有明显改善,弹奏者感觉到琴音火气小,通透松沉,是一种难得的享受。"[1]

---

[1] 茅毅. 古琴材质的秘密[J]. 紫禁城,2013(10):105.

古琴斫制技艺

斫琴工具

木工台

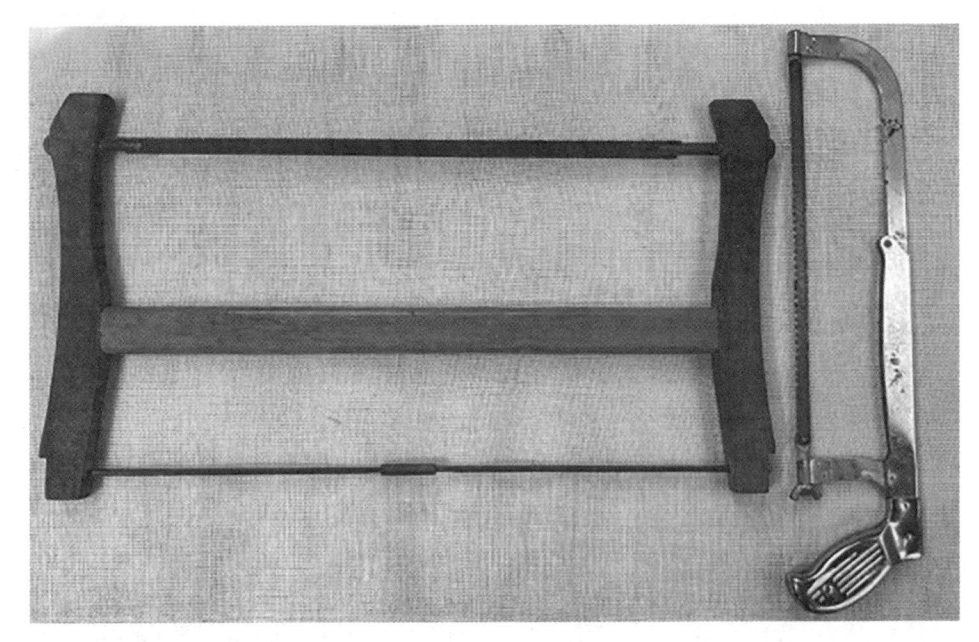

锯

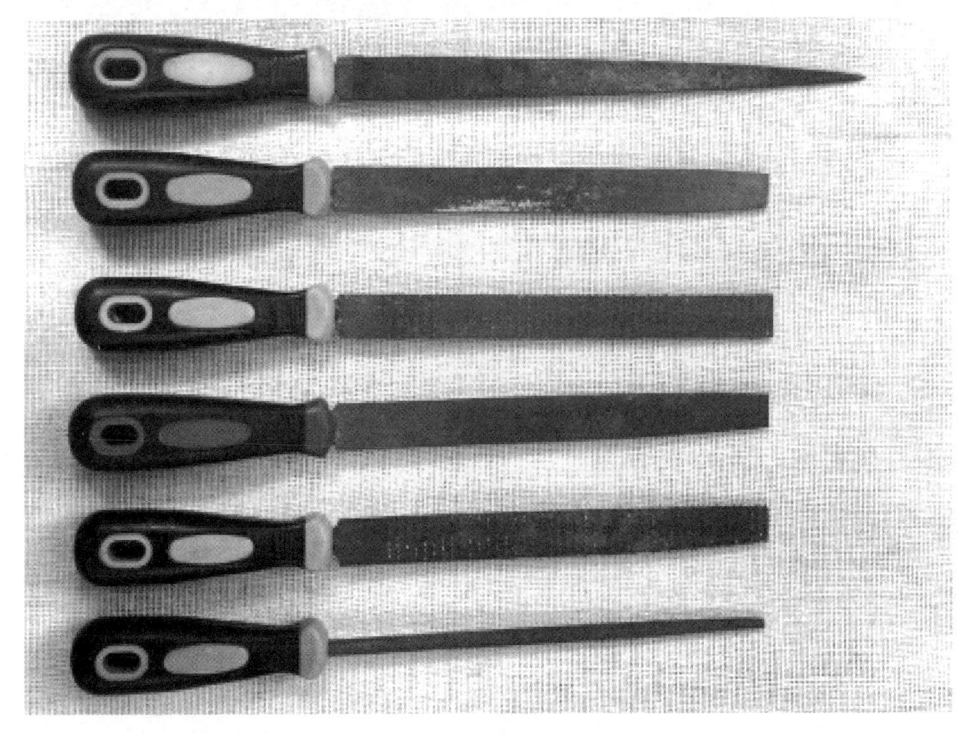

木锉刀

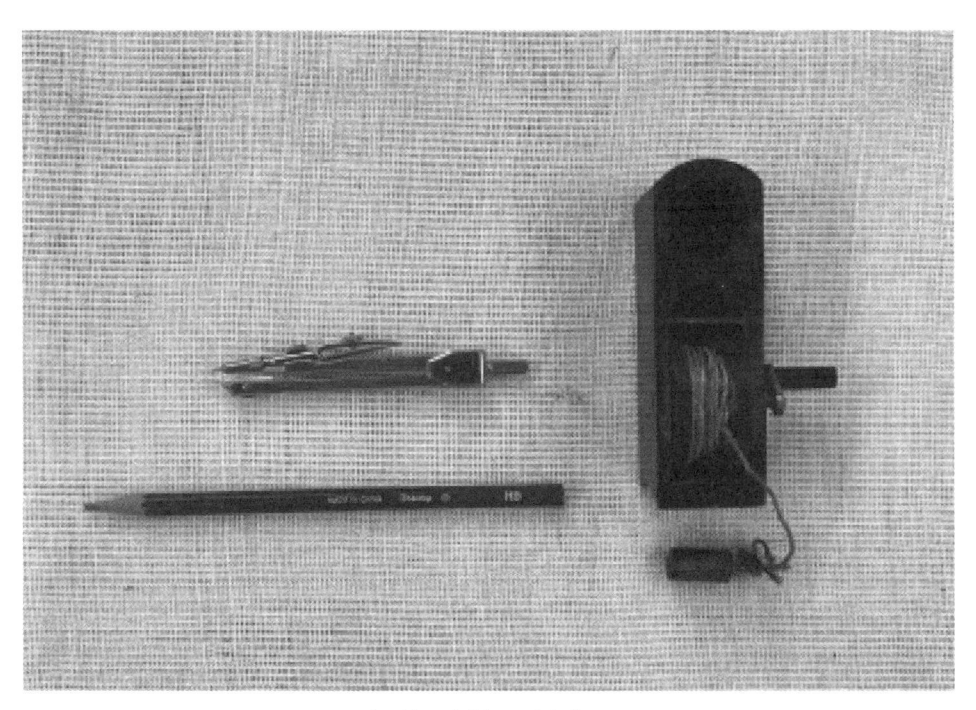

铅笔、圆规、墨斗

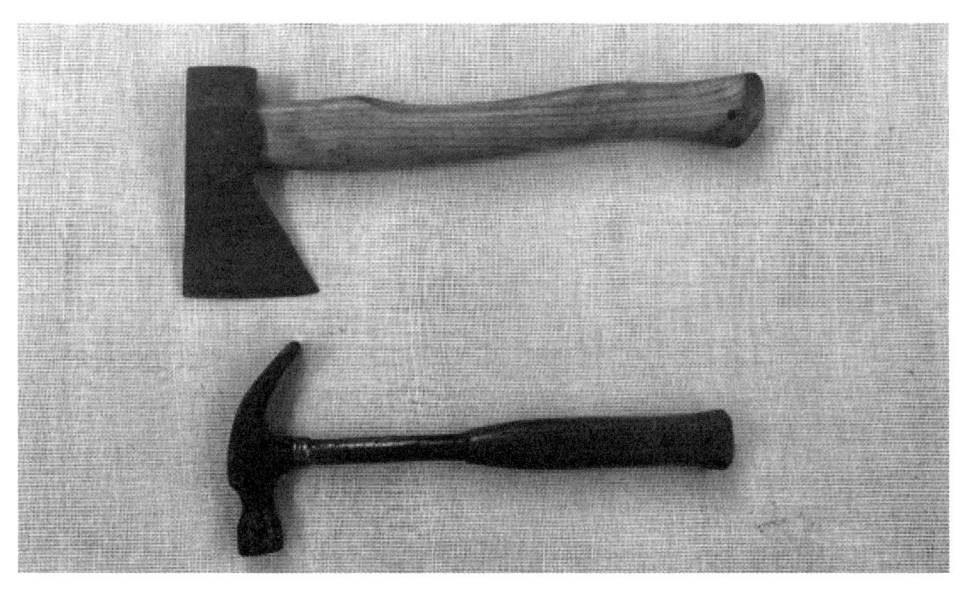

斧头、锤子

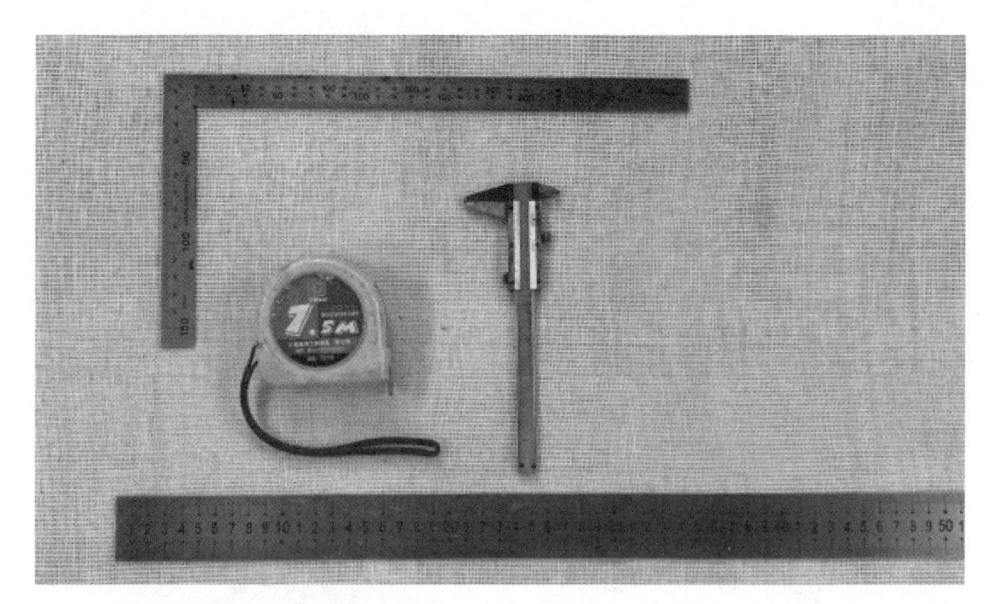

各类尺子

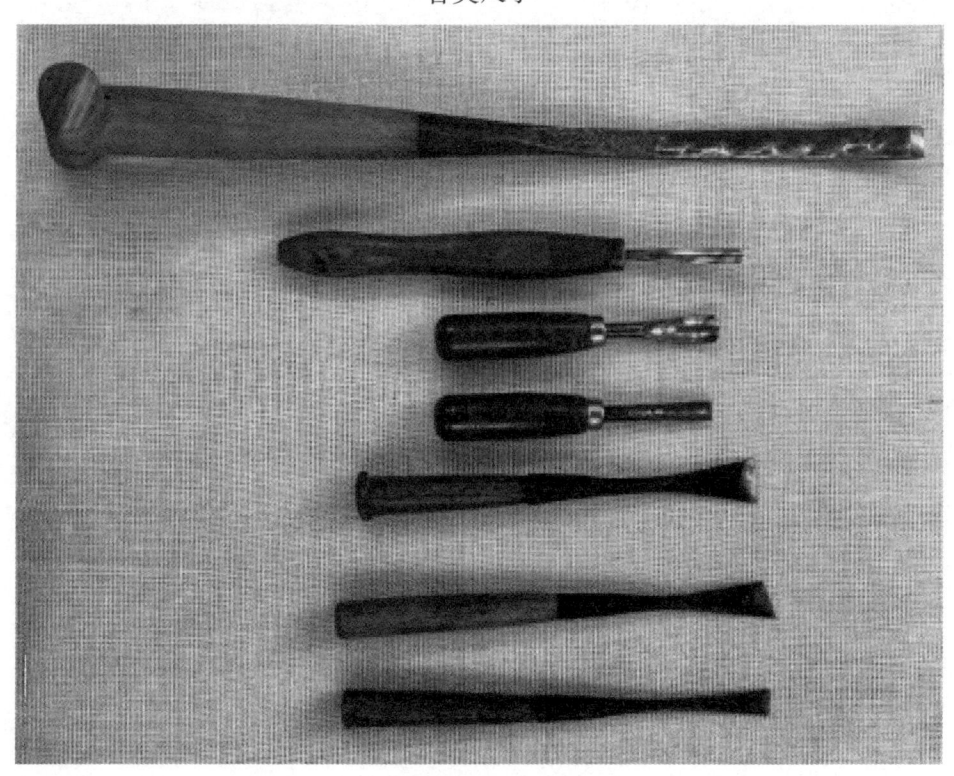

各种形制的雕刻刀

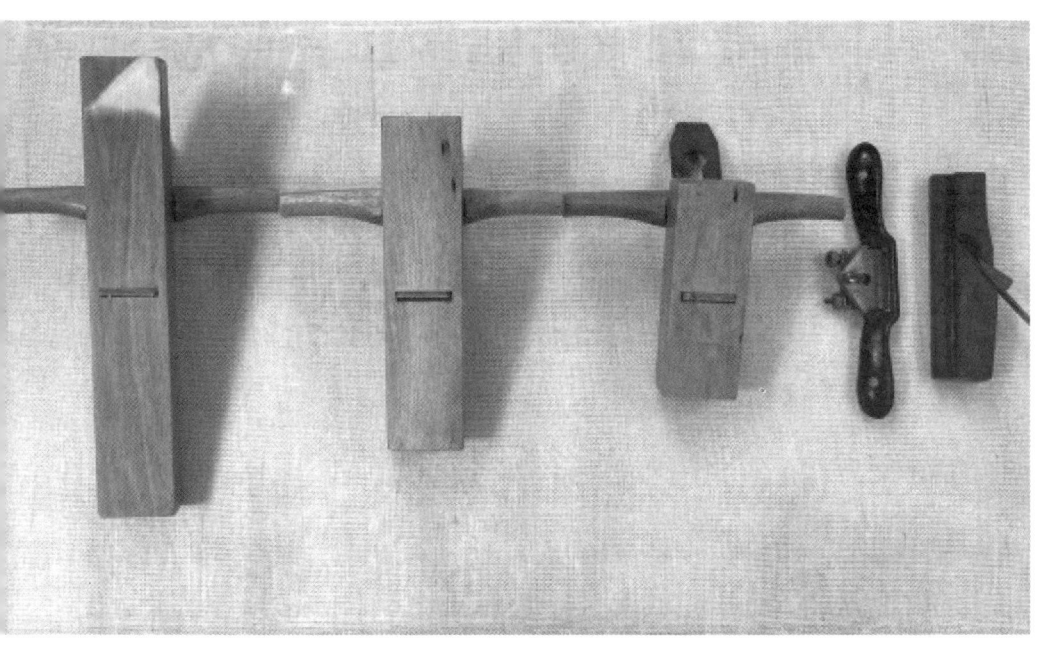

刨刀

磨刀石

木枕头

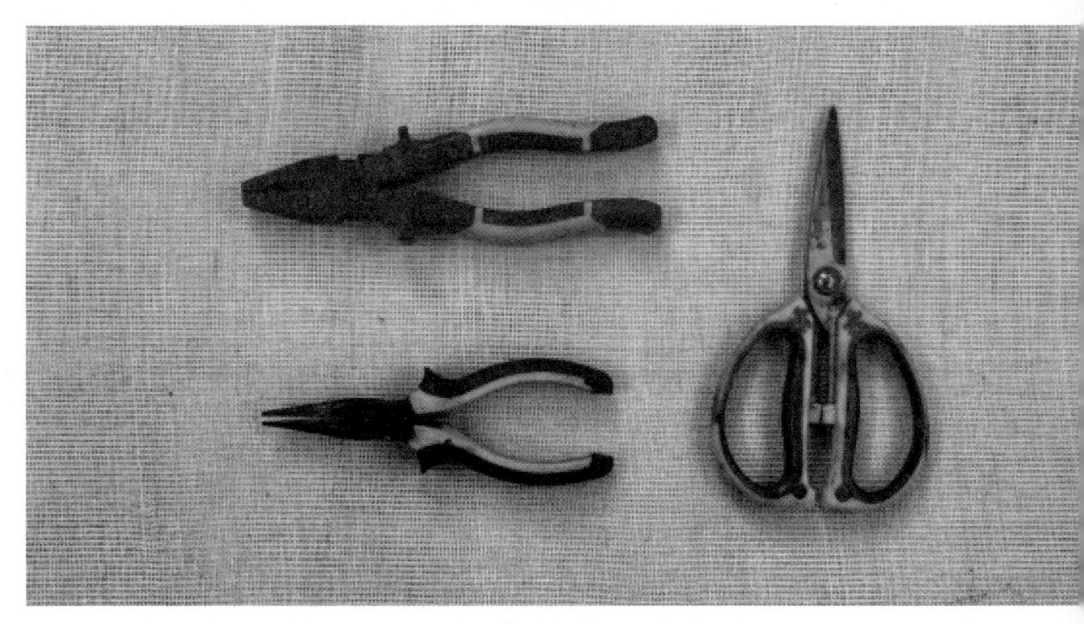

剪刀、钳子

铁夹子

捣臼

筛子

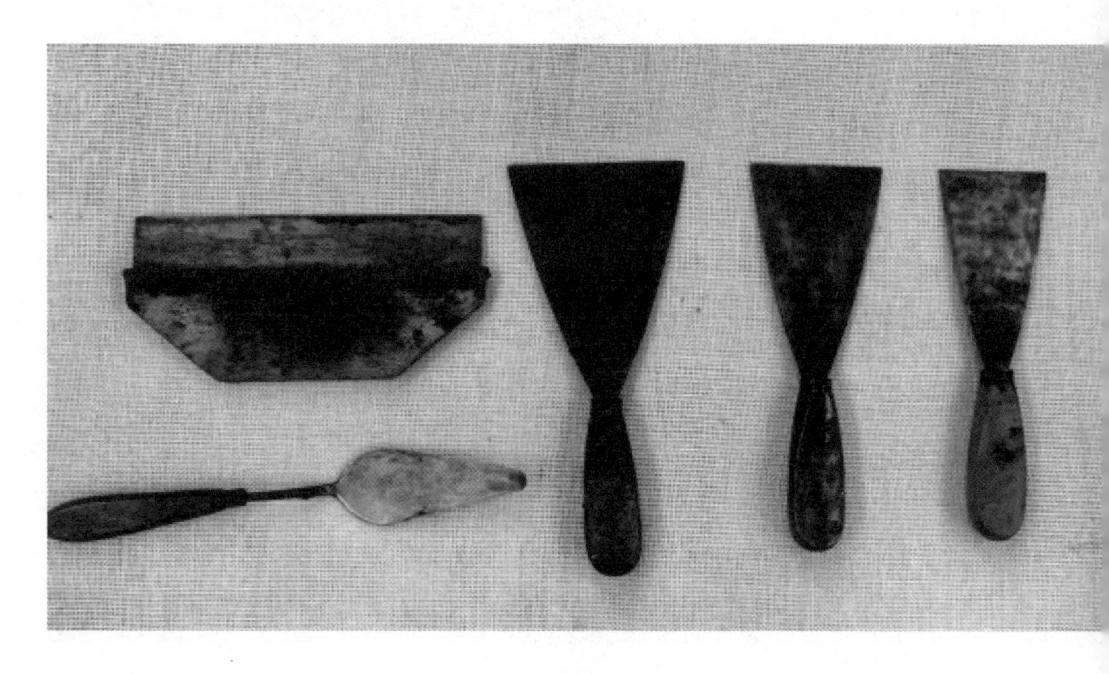

批灰铲

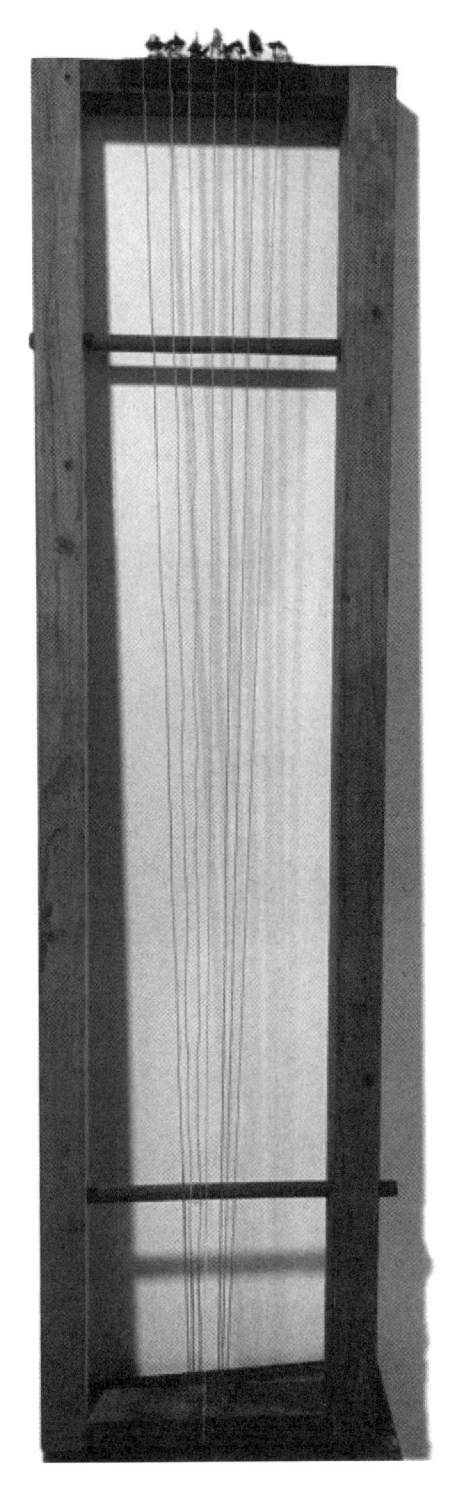

试音架（琴绷子）

砂纸

滤纸、保鲜膜

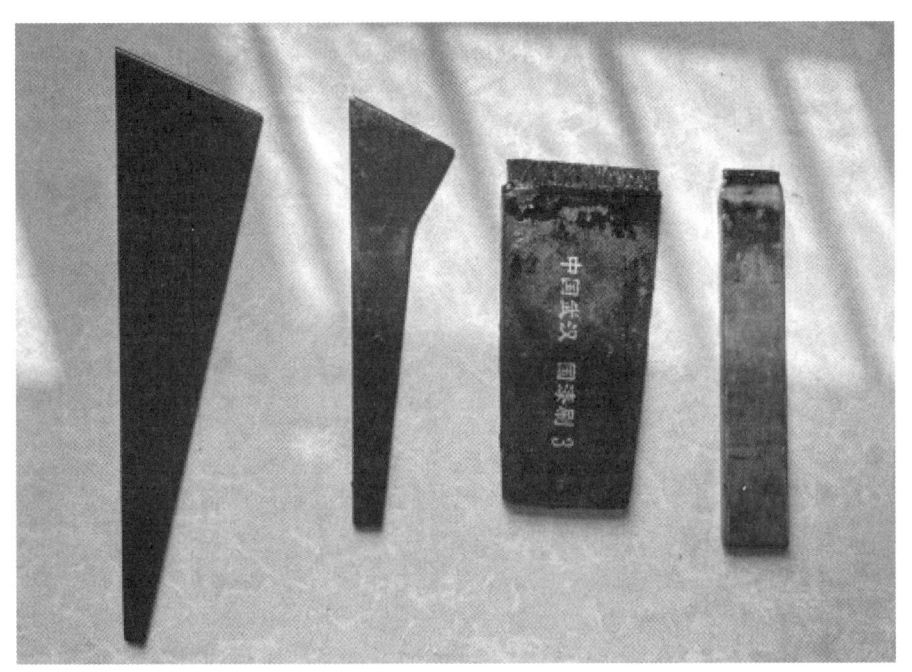

调漆台、发刷

阴干架

批灰、刷漆台

选用材料

琴材的结构与物理特性直接决定了古琴的声音品质,所以历代制琴者都希望觅得良材,以加工斫制良琴。古琴材料主要分琴体面板、底板材料以及漆、灰、配件、琴弦等。

木材

老杉木面板

梓木底板

"夫琴之为器，通神明之德，合天地之和，故非凡木之所能成也，是以必记峄阳之孤桐，蔡邕必取爨中之良材，由是观之，材之不可不择也久矣。去古既远，峄山之桐世人有所不能致，故高人上士持还爨中奇绝之材用之。其种有五，其品有三。何谓五种？一曰黄砂桐，二曰紫砂桐，三曰白砂桐，四曰空心桐，五曰厚皮桐（五种皮厚，不可用）。其声高明而振响者黄，亦属阳之材也；其声温柔而敦厚者紫白，属阴之材也。何谓三品？一曰绝灵……二曰最良……三曰中庸……"（《碧落子斫琴法》）这段文字不仅指出了选择优良木材是斫制古琴的首要条件，而且记述了良材的品种。

其中面板、底板材料是指各种适合做琴的木材。木材经过自然老化干燥后，细胞腔中空，呈现蜂窝状结构，里面充满空气，这样的结构有利于声音的传播，具有较强的声音穿透性。古人经过几千年的实践，最终确定了桐木以及杉木最适合做面板，梓木最适合做底板。

斫琴用料，从时间上看，主要有老料和新料两种。老料一般得自古代建筑用木料，经过长期的自然老化，其物理性能相对稳定。新料一般是指新砍伐的木料经过干燥后的成料。但不管是新料还是老料，对于斫琴来说，因为要剖板，所以改变了其物理结构，都存在开裂变形的可能，只是程度不同。所以在实际操作之前，都要对材料进行处理。

对新料来说，传统的简单处理方法是，将木材砍伐下来以后，按要求开好板材，用绳子捆好，浸泡在流动的河水里一年。到时间取出后，架离地面，一层层按"井"字形摞起，平放阴干。

现代借助于高科技，开创了多种木材处理方法，其中应用比较多的是木材碳化处理方法。它采用阶梯式连续升温方法，先将温度升至120℃~140℃，再提升至160℃~240℃，待碳化处理过程结束，喷洒雾化水让木材缓慢降温至100℃，然后通过100℃的饱和水蒸气对木材进行调湿回潮处理，将木材的含水率回调到4%~6%，木材冷却到温度高于室温15℃~30℃后出窑。碳化处理过程可以消除板材内部形成的应力。利用100℃的饱和水蒸气对碳化处理后的木材进行调湿、回潮处理，可以快速有效地润湿过干的板材，将板材的含水率回调到4%~6%，以利于后续加工过程的进行。

配件木料

配件的木料主要用于岳山、承露、轸池板、雁足、龙龈、冠角、龈托、尾托、琴轸等古琴部位。其中岳山、龙龈、龈托、雁足直接承受琴弦压力与张力，要求木材具备一定的硬度，一般选用红木。树种主要有紫檀、花梨、酸枝木等。

漆、灰材料

漆

古琴制作所用漆是从漆树上割取的天然树液，又称"大漆""国漆""土漆""天然漆""树漆"。现代制琴也有用"腰果漆"的。腰

各类漆

果漆是合成漆，价格比大漆低廉，但品质不如大漆。漆液的成分有漆酚、树胶质、氮、水及微量的挥发酸等，其中近80%的成分是漆酚。漆酚的含量越多，大漆的质量就越好。大漆含氮物质中的酵素，能促进漆酚的氧化，大漆略带酸味的独特味道就是这样产生的。大漆干燥后形成漆膜，漆膜具有优良的物理机械性能，硬度达0.65~0.89漆膜值。漆膜耐磨强度大，耐磨性优于任何合成树脂和其他涂料。漆膜硬度高、耐磨，且防腐、防渗、防潮、防霉、耐酸碱，光泽明亮、持久，所以古人在长期的斫琴实践中选择大漆作为琴体表面的保护材料。

直接从漆树上采割的天然漆液是生漆，含水量在20%~30%之间，有尘埃等杂质。其分子结构松散粗糙，黏度大，干燥快，不能厚涂，流平性、光泽度均欠佳，成膜粗硬，附着力强。因此需要对生漆精制，具体有凉制、晒制、煎制、调制等工艺。精制漆按类别可以分为精制生漆、快干漆、推光漆、油光漆等。

精制生漆是净生漆经过凉制（加水不加温，充分搅拌脱水）而成。下等精制生漆多为法絮漆（拌入断絮，填补木胎缝隙、虫眼、凹陷疤节等），用于打底、涂粗灰等。中等精制生漆用于涂中灰、细灰，裱布等。上等精制生漆用于泽漆、揩漆、擦漆等。

快干漆又称"半熟漆"，渗透力强，在温度和湿度理想的环境中6~8小时可以干实，可兑入干性好的推光漆促其快干。

推光漆是精制漆中使用频率最高、品种最多的一种，有本色推光漆、彩色推光漆（黑推光漆和红推光漆较常用）、透明推光漆等。日本漆工称推光漆为"吕色漆"，"吕"指漆面能够打磨推光。

灰

鹿角霜

灰泛指漆器底胎上涂抹的粉状材料。灰本身没有黏结力，全靠胶、漆或油调和。明中期做漆器所用灰的原材料有角、骨、蛤、石、砖、瓦、瓷、炭、晒干的泥土等，都要研碎成粉，过筛，与胶漆调拌，涂抹于布漆以后的胎骨。其中鹿角熬去膏脂研磨过筛，形成鹿角灰（细者则称"鹿角霜"），入漆调拌为漆灰，用来髹琴，透音性好。

其他材料

胶

在古琴制作过程中，黏合面板与底板，或黏合配件、琴徽等时要用到胶。黏合面板与底板所用的胶为鳔胶，将配件、琴徽粘在琴体上一般使用速干胶。

琴徽

琴徽以白色为上，取其醒目，在弹琴时容易看清徽位。所以螺钿因亮白又易于加工，且成本不高，而被大量使用。此外也有用黄金、白玉、珍珠、贝珠、鲍鱼壳、白瓷等材料制作的琴徽。历代皇家用琴一般都是采用金

鳔胶

徽、玉轸、玉雁足。

绒扣、流苏及琴弦

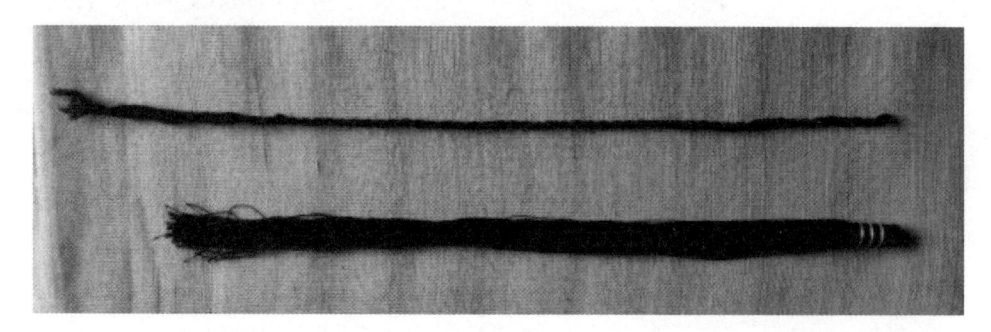

绒扣

冰弦

绒扣是用来拴扣琴弦的绳子，用棉、丝制成，一般为棕色，也有绿色、红色、黄色等。

流苏是系缚在绒扣尾端的装饰，用来增强古琴的视觉美观效果，一般为棕色，也有红色、黄色等。

琴弦一般有丝弦、钢弦、冰弦等。

丝弦的特点在于苍古圆润、韵味醇厚、柔和饱满、敏感细腻。但使用丝弦弹奏古琴时音量较小，甚至弹到细微处，三步以外就听不到了。此外，丝弦弹性大，经常需要上弦、调音，品质不佳的丝弦，七弦上到标准音高后则容易发生折断现象。

钢弦以钢丝为芯，外缠尼龙，价格相对低廉，耐用不易断弦，音色清脆明亮，但是钢弦有金属的噪音，没有丝弦古朴的韵味。

冰弦是对钢弦的改造，以尼龙为芯，有效地解决了钢弦有金属噪音的问题，兼有钢弦耐用的优点。

斫制流程

木胎制作

面板及底板制作

模板制作

古琴模板的制作一般是直接描摹名琴或自主设计，其材料一般为有机玻璃、薄梓木板等。

自主设计制作流程如下：确定款式，画出中线，确定琴长，按比例画出肩线、岳山线、腰线、雁足线及龙池、凤沼、雁足等处的标示线和位置，然后锯掉多余部分。

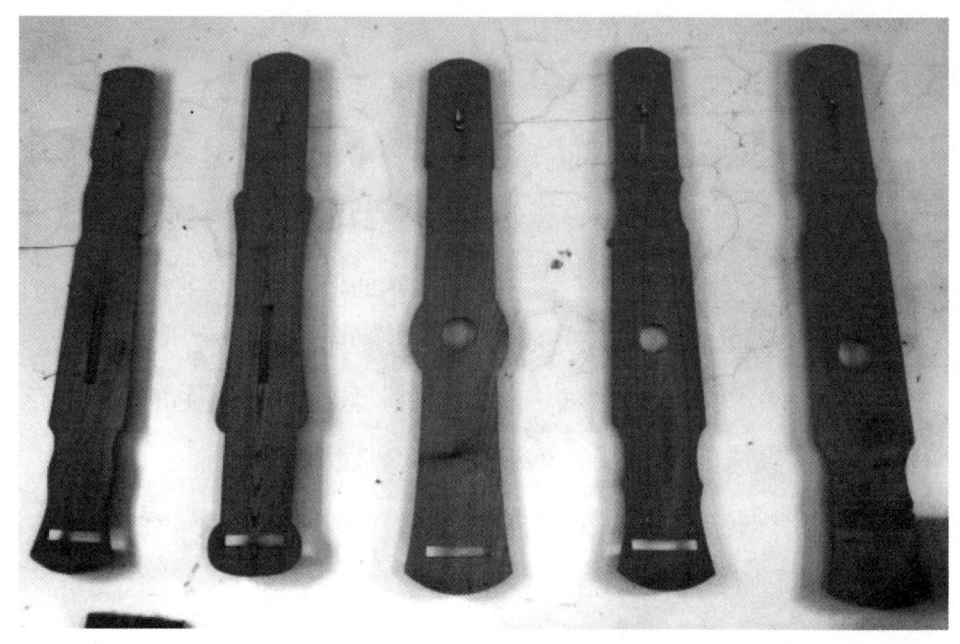

模板

按模板放样

1.将面板平放在木工台上，找平，厚度控制在5cm左右。将模板放在槽腹的一面，以铅笔沿模板边缘画出外轮廓线。

需要注意的是，绝大部分的面板并非理想中那样完全没有裂纹、节疤。对于裂纹与节疤，如能避开就尽量避开。节疤小的话，就放在槽腹要挖掉的部位；要是有大的节疤，尽量放在纳音的位置，这样不至于对音色造成影响。

2.画岳山线、中心线、龙池线、凤沼线、项实线、尾实线、雁足孔及其他部分。画出边墙厚度。

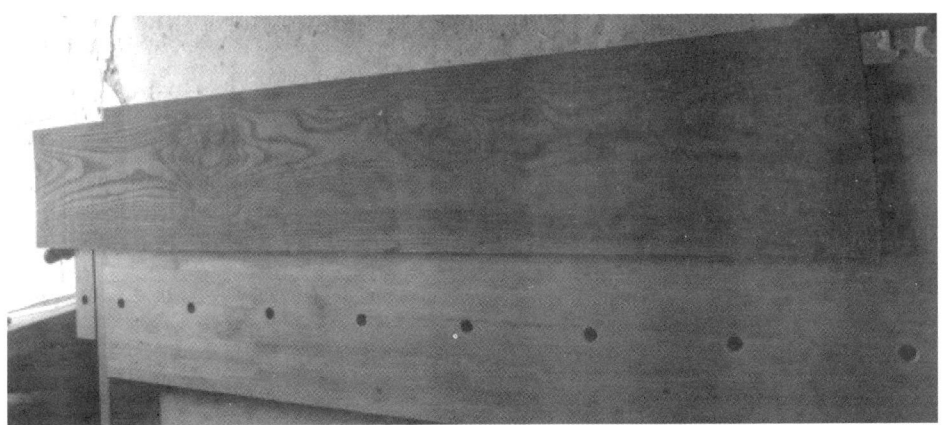

模板放样

3.将底板平放在木工台上，找平，厚度控制在1cm左右。需要注意的是，底板外面两边渐薄，最外沿以厚度0.6cm为宜，然后修出龙池、凤沼、轸池。

刨弧度

工具：长、短刨子，铅笔。

面板、底板按模板出好样后，需要刨出弧度。

面板弧度没有固定要求，以适宜演奏为原则。古琴界有"唐圆宋扁"的说法，一般认为这是时代审美的改变。隋郁在其论文中对《碧落子斫琴法》进行研究后认为，宋人在斫琴实践中逐渐认识到，唐琴木肉过厚且底板较薄，从而导致"大弦顽钝，小弦焦咽"，故在斫琴工艺上进行了改进，去其面肉，增其底板，以求中和之声，这一变化直

刨弧度

接使得宋代古琴的共鸣箱所占琴体比例比唐代古琴的大，并呈现较扁的外形。[1]可以看出，琴面的弧度不仅与过弦的手感有关，也与古琴的共鸣腔有着内在的联系，具体需要斫琴师综合处理。一般古琴面板弧度为：肩部略平，至琴尾逐渐变圆。

用铅笔在面板侧面画出标线，控制边沿最小厚度。用长刨，按从边沿至中间的顺序刨弧度。一开始刨的时候，可以将刨刀吃木的深度调整得大一些，接近标线时将刨刀的吃木深度调整得小一些，以防刨过。需要注意的是，持刨时，一手握刨，另一手在刨头牵引，这种使用刨子的方法叫作"拉刨"，刨弧度时要顺着木头的纹理均匀用力。

刨低头

工具：短刨、尺子。

低头，指的是面板纵轴线的平直部分（通常在龙龈至四徽或三徽之间）的延长线与岳山前壁的交点到面板的垂直距离。[2]低头是为演奏者演奏落指预留的空间。低头的预留高度应小于岳山高度。

现在制琴低头，多从一二徽处起，至岳山逐渐降低1.2cm左右。传统丝弦琴可在三徽左右处起低头，因为丝弦弹性好。现今古琴演奏右手多在一徽与岳山之间2/3处，并且多用钢弦，低头过早会出现抗指。

刨削低头时，先借助尺子在中线上定出一徽、二徽的位置，并标注在侧面，然后在岳山处用尺子向下量出1.2cm，也标注在侧面。用短刨从一徽半处左右开始向岳山刨削。需要注意的是，刨刀吃木不宜深，以防刨过。

---

[1] 隋郁．从《碧落子斫琴法》看唐宋琴制之演变［J］．中国音乐，2012（4）：65-68.
[2] 吴跃华．古琴岳山、低头与弦高三者的关系［J］．乐器，2015（4）：19-21.

挖槽腹

槽腹是面板内挖下木材后形成的空腔。面板是琴体重要的主体结构。面板的弧度设计及槽腹的深浅直接决定了面板的厚度，而面板的厚度是古琴声学振动的主要物理参数，因此槽腹预留的多少基本上决定了古琴的发音如何。

工具：铲刀、多种形制的木工雕刻刀、锤子、砂纸、木垫块、木枕、刨子、试音架。

1.粗挖。将面板固定在木工台上，一头垫在木枕上，防止琴面磨划，在面板上用铲刀在项实线、边墙线、纳音线、雁足线、尾实线内铲下木材。持铲时一手发力，另一手掌握方向。铲木时注意刀口方向顺着木材纹理，顺丝开挖。粗挖以整体下挖1cm为准，挖好后放置一段时间以释放木材应力。

挖槽腹

需要注意的是，开挖槽腹时应避免阴雨天气。阴雨天气空气湿度大，木材含水量变大，不宜动刀。在挖到边线雁足、纳音处时，需要使用不同形制的雕刻刀处理截面，除了尾实线采用弧度外，其余均是垂直截面。

2.细挖。面板粗挖并放置一段时间后，就可以继续开挖槽腹。槽腹深度并无固定数值，以斫琴师对音色的预期要求为准。一般槽腹预留大一些，音色会偏透亮，琴音舞台表现力强且演奏时比较省力，比较适合舞台演奏，缺点是将古琴"筝化"；槽腹预留小一些，音色会更加苍古，但需要强一些的指力，才能激发琴体良好的振动，这种形制的琴更适合文人在书房弹奏。

细挖在工序操作上与粗挖并无区别，仍要避免阴雨天气，并且注意不能挖过。

3.修纳音。随着槽腹的开挖，纳音还是原来面板的高度，因此对于纳音需要用刨刀刨下高度，具体高度需视槽腹而定。

4.试音修整。槽腹挖到一定程度后，先以手敲击琴面不同位置，听音，根据经验判断，必要时要用试音器试音，即借助试音器为面板配上琴弦，以更直观、清晰地判断槽腹的结构是否合理。

试音

《太古遗音》中有"琴有九德"的记载,即"奇、古、透、静、润、圆、清、匀、芳"。顾永杰等认为,要使古琴达到"九德"的要求,斫琴的各步骤就都要科学合理,并且相互间还要配合、协调。[①]

在槽腹的制作过程中,可借助试音架检验琴体是否有良好振动,低音、中音、高音过渡衔接是否自然,泛音是否清亮。如果有不满意的地方,应该继续修整槽腹,以达到满意的效果。

合琴

安装天地柱

天地柱是安装在槽腹内部的两根音柱,用来加强面板与底板的结合,增强琴体整体振动性,并取天圆地方之意,将天柱设计为圆形,地柱设计为方形。《碧落子斫琴法》记载:"天柱圆六分,在三、四徽间,若不能求徽定之,则自龙池上一寸二分;地柱方五分,在龙池下一寸五分。"作者不仅写出了天柱与徽位的对应位置,而且考虑到木胎阶段没有安装徽位的实际情况,以与龙池的距离为参考。实际安装过程中当然不必拘泥于某个尺寸,天柱位置以龙池纳音到项实之间的最佳共振点为宜,地柱位置以凤沼纳音到尾实之间的最佳共振点为宜。

工具:锯、粉笔、铅笔、雕刻刀、砂纸。

用从板上裁锯下来的边料制作天地柱。先修成长方条柱,圆柱在长方条柱基础上用砂纸打磨而成。然后锯下长度适中的天地柱,在找好的天地柱位置上,用铅笔画下轮廓线,用雕刻刀开挖凹槽,修整平整后用胶粘在面板上,然后用粉笔在天地柱截面上涂画,将底板与面板合上,按照印记在底板上修出凹槽。需要注意的是,天地柱截面均需修得

---

① 顾永杰,裴建华. 试析古琴的"九德"与斫琴技艺 [J]. 北方音乐,2017(5):77-78.

垂直平整。天地柱最终长度，以对面板、底板有一定支撑力为宜。

熬制鳔胶

古琴合琴，就是将制作好的面板、底板用胶黏合，成为一体。合琴所用的胶一般有化学胶、漆灰、鳔胶。我们在制作时采用鳔胶。

工具：锅、水、瓢。

将鳔胶放入瓢中，加水，然后把瓢置于锅中隔水煮，待瓢中鳔胶充分溶化，成为黏稠状胶水即可。需要注意的是，瓢内加水量应适度，避免胶水过于黏稠或稀薄，以致影响黏合效果。

合琴

工具：刷子、木工架、透明胶布、铅笔。

材料：鳔胶。

将面板平放在工作台上，把面板与底板对应好，然后在面板与底板上选择几处位置用铅笔标记好。用刷子蘸取胶液，刷在面板尾实、边墙、雁足、项实，以及底板边墙及其与面板相对应的位置上；按标记将面板与底板对应好，先用夹子将头、尾夹住，然后用透明胶布将面板、底板捆绑加固，完成后放入木工房候干。

修补琴面、琴形

工具：锉刀、砂纸、刨子、刮灰刀。

材料：大漆、鹿角霜。

等合好的琴上的胶干后，取下夹子、胶布。面板与底板黏合成为一体之后，要根据中线加以修整，以确保琴体对称，还要修整侧边的厚度。由于面板木材本身会有节疤、裂缝等，而且合琴过程中在夹子等的作用下，琴面上会留下一些印痕，因此需要进一步修补。

修整琴体

1.锉修对称。琴体面板、底板合好之后，相对单独的面板、底板会有一些出入，因此要根据中线重新用锉刀修整琴体，确保琴体对称。具体操作时，可在琴头、琴项、琴腰、琴尾处画出对称线，以确保琴体对称。

2.刨修侧边。在制作面板的过程中会预留一些厚度，以待合琴之后调整。侧边（包含底板）一般在2cm左右，琴肩处与琴腰处略厚，中间过渡要自然美观，面、底合体后用刨刀将侧边修整到理想厚度。需要注意的是，仍要在侧边上画好控制线，按从边向里的顺序刨修，刨刀吃木的深度不宜过深。

修补琴面

在传统漆器工艺中，有素胎打底的步骤。古琴斫制技艺中加入髹漆的工艺，一方面增加了古琴的金石之声，另一方面，灰胎、漆膜的保护极大延长了古琴的保存时间。"打底"在《髹饰录》中被记为"捎当"。"凡器物，先剖缝会之处而法漆嵌之，及通体生漆刷之，候干，胎骨始固，而加布漆。"（《髹饰录》"捎当"条）这里记述了用刀剔刳木胎虚松、疵病、腐败的地方，然后用生漆调拌木屑或其他材料填嵌。

古琴面板为一整块长木的老料，难免会有节疤、裂缝。另外，在合琴过程中，木胎因铁夹子等的作用也会受到一些损害，所以琴面木胎需要修补处理。

1.节疤。对于比较大的节疤，要用刀剔除。节疤形状一般为圆形，剔除后的凹陷用裁锯琴面的边料填补。

2.裂缝。如果裂缝较小，可以直接用漆填充；如果裂缝过大，就需要先用刀清理裂缝，再以漆灰填嵌，干后磨平。

3.凹陷。对于合琴过程中铁夹子造成的局部凹陷，应以漆灰填嵌，干后磨平。

安装配件

古琴的配件包括岳

有节疤的面板

山、承露、轸池板、护轸、雁足、龙龈、冠角、龈托、尾托等。配件除护轸外，一般使用硬木，且不髹漆，安装时要求颜色统一并与琴面漆色和谐搭配。其中岳山是凸出于琴面用来承架琴弦的硬木；承露与岳山贴合，靠近琴头，用来打弦眼；轸池板安装在轸池内，以防琴轸损伤琴体；护轸是安装在琴头底板两侧用来保护琴轸的配件，用面板裁锯下的边料加工而成且需髹漆；雁足是安装在琴底用来系缚琴弦、支撑琴体的配件；龙龈是安装在琴尾面板上用来架设琴弦的硬木；龈托是底板上承接琴弦压力的硬木；冠角、尾托上下共4块，安装在龙龈与龈托旁边。

工具：锯、雕刻刀、砂纸、笔、胶。

材料：各种配件。

安装配件时，在琴体上用笔画出位置，然后用锯、刀开出凹槽，将各种配件安装到预定位置，用胶固定。需要注意的是，岳山与承露、龙龈与冠角、龈托与尾托之间是直接接触的，需要处理好配件之间的截面以及配件与琴体凹槽之间的截面关系，以达到密贴。

雕刻凤舌、锉修琴尾

工具：铅笔、雕刻刀、木锉、锯、砂纸。

1.雕刻凤舌。凤舌是琴头面的装饰。先在琴头正面用笔画出形状，然后用雕刻刀挖去多余木材，待初具形状后，再用砂纸打磨修整。需要注意的是，凤舌长度不宜超过岳山。

2.锉修过弦槽。过弦槽是琴尾龙龈与龈托之间的凹槽，宽度依据龙龈外边宽度与龈托外边宽度而定。龙龈外边宽度一般是3.5cm，龈托外边宽度比龙龈宽度小，所以过弦槽的形状呈现为梯形。具体修制时，将龙龈两端与龈托两端连线分别标记在琴尾，先用锯沿线下锯，然后在两条锯线内锉修，锉修到一定程度，用砂纸修整。

3.锉修琴尾弧度。为与过弦槽应和，琴尾也应锉修出一定弧度。弧度以从面到底自然过渡、美观大方为宜。

打弦眼

工具：铅笔、电钻、锥子。

古琴有7根琴弦，一般弦距（岳山处琴弦距离）在1.7cm至2cm之间，我们采用1.9cm的弦距。打弦眼时，先在承露、轸池板上标注位置，然后用电钻分别从承露与轸池两边打孔。需要注意的是，打孔时，要借助锥子将上下两边的弦孔对应，以防打穿其他位置。

髹漆

古琴的髹漆即在琴体木胎上裹布，施以漆灰，并在灰胎上髹涂面漆的系列工艺。郑珉中先生认为，唐琴能历经千年流传至今，就与这种制作工艺有关。古琴的髹漆工艺对古琴音乐方面最大的影响就是增加了古琴的金石之声。

裹布

裹布之前，需要在琴体木胎上刷一遍靠木漆。经过干燥处理的木胎，要用油漆及时全面批刮，以封固木胎孔隙，防止湿气侵入，同时使其上继续髹涂的涂层不至于渗入木胎，造成漆面塌陷。

裹布

工具：发刷、盆、剪刀。

材料：棉布、漆。

先用清水清洗棉布，除去棉絮等杂质，然后悬挂晾晒，半干时取用。将古琴木胎放在台面上，棉布平覆在琴面上，用发刷蘸漆涂在棉布上，使布紧密贴附在琴面上，在岳山等配件或琴肩等曲线处用剪刀剪开棉布，确保棉布密贴琴体木胎。需要注意的是，布要长于琴面，布与布要搭接1cm以上；蘸漆要足，裹布时用力均匀，以不松不紧为宜，避免出现气泡、褶皱。

制灰胎

琴胎裹布干固以后，用漆调和经碾碎、过筛的粉状材料制成漆灰，然后将漆灰平整均匀地批刮于布漆以后的胎骨上方，制成灰胎。灰胎一般分为粗（60#）、中（100#）、细（120#）三道。此道工序在《髹饰录》中被记载为"垸（huán）漆"："垸漆，一名灰漆，用角灰、磁屑为上，骨灰、蛤灰次之，砖灰、坯屑、砥灰为下。皆筛过，分粗、中、细，而次第布之如左。灰毕而加糙漆。"

工具：铲刀、调漆板、保鲜膜、筛子、砂纸、捣臼、水、抹布、直尺。

材料：漆、鹿角霜。

1.制取鹿角霜。鹿角霜是取梅花鹿或马鹿的角，放在水中煮去油脂，晒干研碎而成的粉状材料。在市场上可以购买到去脂的鹿角块，放在捣臼中捣碎，并过筛，做好标记储存，按需取用。

2.粗灰。取60#鹿角霜，加入漆液，在调漆台上调拌至糊状，然后用保鲜膜覆盖，放置一定时间，以便漆液充分渗透鹿角霜孔隙。用铲刀将调拌并醒好的粗灰均匀刮涂在琴体上，干后以砂纸水磨。

刮灰胎

3.中灰。取100#鹿角霜制同粗灰，调制中灰。中灰主要用来填补粗灰的孔洞以及补平琴面。同样用铲刀将调拌并醒好的中灰均匀刮涂在琴体上，干后以砂纸水磨。

4.细灰。取120#鹿角霜制同中灰，调制细灰。细灰主要用来填补中灰的孔洞以进一步平滑琴面。同样用铲刀将调拌并醒好的细灰均匀刮涂在琴体上，干后以砂纸水磨。

安装徽位

工具：直尺、雕刻刀、胶、锥子、铅笔。

材料：琴徽。

古琴徽位是泛音的标记，共有13个。"13"取一年12个月加1个闰月之意。徽位的位置是有效弦长的"等分点"，从一徽到十三徽，由岳山方向计算，分别是在有效弦长的1/8、1/6、1/5、1/4、1/3、2/5、1/2、3/5、2/3、3/4、4/5、5/6、7/8处。

安装徽位时，首先确定一弦弦线，然后往外平移1cm定下徽位中心线，按照设定的有效弦长计算，在中线上标记出一徽至十三徽的位置。然后用铅笔在标记的位置上画出徽位形状，选择合适的雕刻刀在灰胎上挖出凹槽，将琴徽放入凹槽并粘牢。

需要注意的是，安装徽位时会对琴面灰胎造成一些破坏，需要调灰补平。

髹涂面漆

工具：发刷、砂纸、垫块、抹布、水盆。

材料：漆、松节油。

1.糙漆。糙漆是指在灰胎上施数遍底漆的工序。糙漆的目的是使漆钻入灰漆层孔隙，使灰漆面平滑坚实，且保护面漆，使面漆颜色深邃，平整厚实。

刷涂底漆时，将琴体灰胎平放在台面上，按照正面、底面、侧面的顺序刷涂漆液，干后以砂纸水磨。

需要注意的是：漆液在使用之前需要过滤，并加入适量松节油稀释；刷涂时用力要适中，以保证漆液均匀涂刷在灰胎上；接口处顺延衔接，以避免接口处漆液过薄或露白。

2.推光漆髹涂。完成底漆之后，即可髹涂面漆。面漆采用推光漆髹涂，《髹饰录》将这一工序记作"麭"。

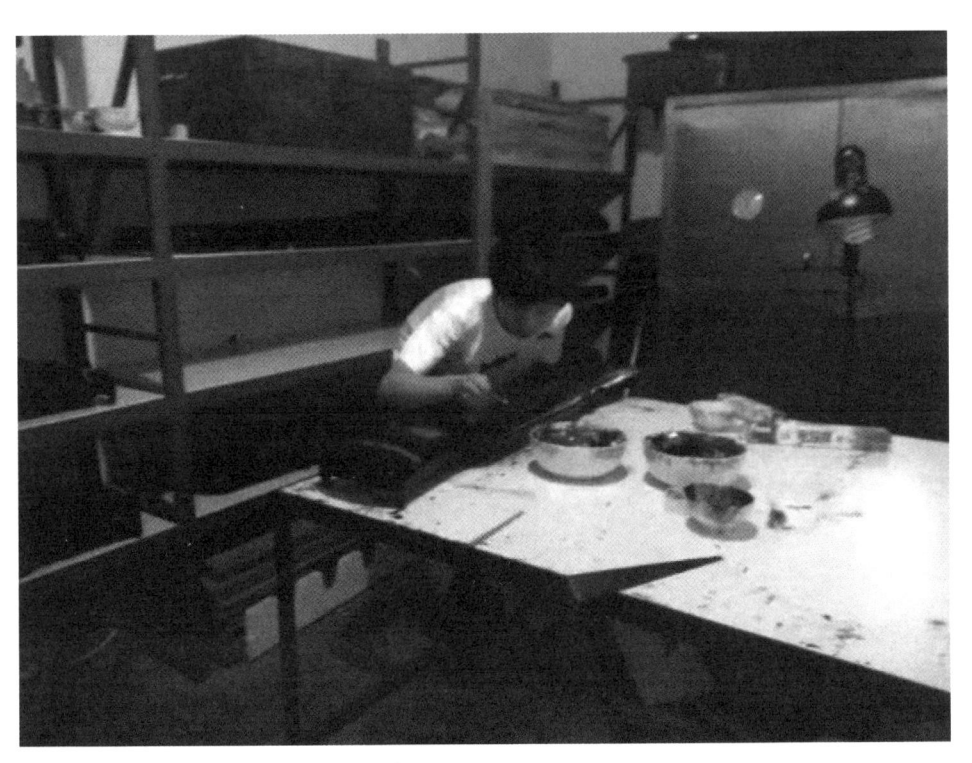

刷漆

古琴面漆一般有黑髹、朱髹、褐髹，也有素髹之后磨显底漆而呈现花色的处理。

具体操作同糙漆，推光漆仍要髹涂数遍，干后以砂纸水磨抛光。

至此，一张完整的古琴制作完成，只需上弦即可操缦演奏。

琴器欣赏

传世名琴欣赏

名琴（一）

名琴（二）

名琴（三）

名琴（四）

老师作品欣赏

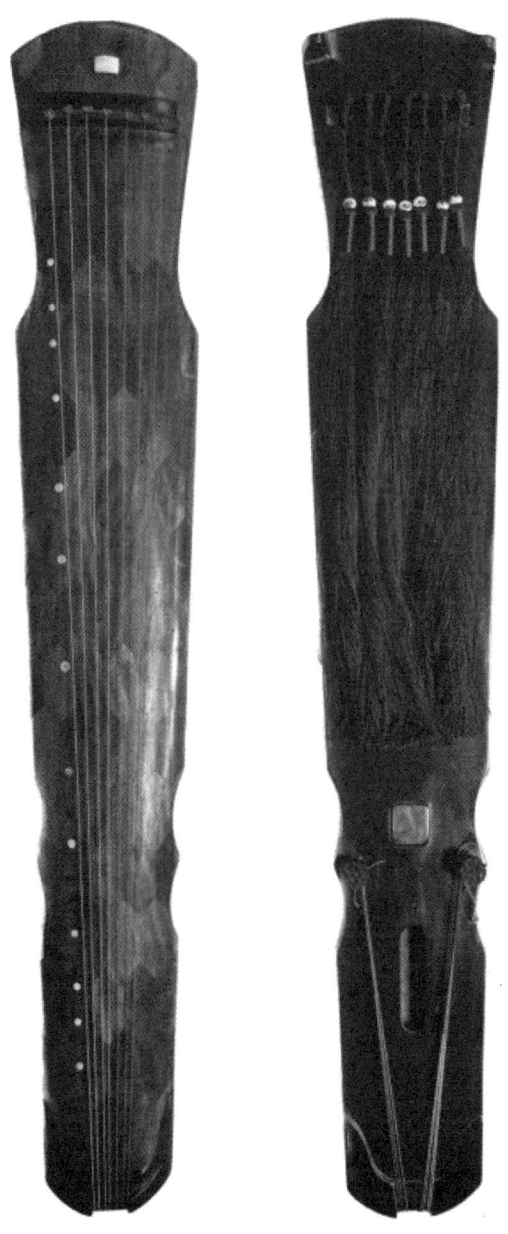

作品（一）

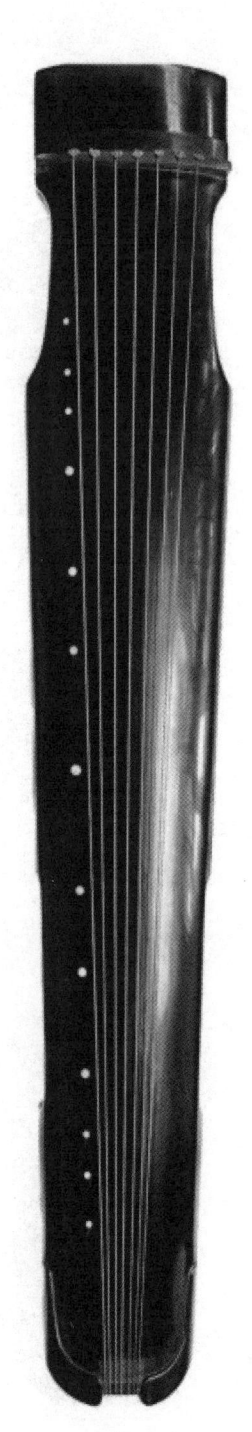

作品（二）

作品（三）

作品（四）

古琴开指与开指曲

古琴开指

古琴作为一种乐器，它的基本功能是弹奏乐曲。在学习如何弹奏之前，需要了解古琴的定弦、音位及记谱法。

古琴的定弦

正调定弦

古琴的定弦，是以五声音阶为主，在7条琴弦之间确定彼此的音高关系。最多使用的是，以三弦为do，由一弦到七弦音高依次为：sol、la、do、re、mi、sol、la。

紧五弦

在正调的基础上，把五弦提高半音。紧了五弦之后，由一弦到七弦的音高依次为：re、mi、sol、la、do、re、mi。

慢三弦

在正调的基础上，将第三弦降低半音。降低了三弦的音高之后，由一弦到七弦的音高依次为：do、re、mi、sol、la、do、re。

古琴的音位

古琴的音域很宽，共有四个八度多。古琴是以五声音阶定弦为主的乐器，它的七条弦又是长度相同的，因此，几乎任何一个在古琴音域之内的音都可以在每一条弦上被弹出来。

古琴徽位（泛音的标记）虽然不是音位的标记，但是借助徽位可以清楚地找到音位。不管两徽之间距离如何，都平分十份，每一份为一分，由高音到低音排列为一分至九分，这样就能将音位表示出来，如七徽六分、十徽八分等。

古琴记谱法

古琴记谱法经历了"文字谱"到"减字谱"的演变。文字谱在隋代就已完备，它用文字与术语记述右手手指的弹拨动作与左手对琴弦的触按移动。唐末，曹柔创造性地摘取指法名称与演奏术语文字的偏旁部首等部分，按一定规则组合成减字谱。古琴减字谱记谱法主要有四个特点：第一，减字组合字；第二，左右手指法的明确性；第三，不标记具体节奏；第四，谱面不显示具体音高。由于减字谱上没有对音高、节奏的标注，现在一般搭配简谱或五线谱使用。[①]

弹琴姿势

古琴演奏和其他乐器演奏的原则相同，就是所取的姿势都应该是在方便、自然，有利于两手轻松、灵活地进行演奏的状态之中。详述如下：

---

① 吴志武. 中国古代减字谱再认识［J］. 音乐研究, 2011（2）：56-62.

1.弹琴时人应坐在琴桌前，使自己上身的中间位置正对琴的第四、五徽之间。

2.在弹琴之时，人要坐正、坐直，并全身放松。

3.坐在琴前时，双手自然放在琴面上，以两手中指指尖正好放在第一弦上、两个大臂呈垂直状态为宜。座位的高低及琴桌的高低也很重要，以两手扶在琴上时，小臂呈自然持平状态为宜。

4.弹琴时，如果左手没有任何演奏动作，可以将左手手掌接手腕的地方放在琴面靠近人身的一侧，同时五个指头自然伸开（不必伸直），稍微离开琴弦即可，无须抬得太高。

5.坐在琴前要坐正、坐直，即古人说的正襟危坐。与此同时要注意两腿放松，两脚自然放平，略微分开，或一前一后略错开。

6.在演奏过程中，除初学练习散音时，头略向右转，注视右手拨奏方法是否正确，所弹的弦是否有误外，在右手能正确掌握、运用之后，就不要再看右手，而是应该注视左手。但也不要过多地扭向左面，以自然从容为准。

7.琴放在琴桌上时不要太靠桌的内侧边沿，应留出1cm。在琴的颈下与桌边之间以及雁足之下，应垫上防滑垫，防止弹奏过程中古琴发生移动。

右手八法减字谱记法

名称	谱字
抹	木
挑	㇉
勾	勺
剔	剔
打	丁
摘	㪉
托	乇
劈	尸

右手基本指法

弹奏古琴时，右手弹拨，左手点按琴弦，两手小指都不使用。

其中右手食指、中指，左手大指、无名指（左手无名指在减字谱中写作"夕"，在读谱时往往读作"名指"。）使用最为频繁。弹奏古琴时，右手大指、食指、中指、无名指，均需要适当预留指甲。指甲以长出指头1mm～1.5mm为宜，修成略尖的圆形。右手基本弹弦位置在岳山与一徽1/2处左右，初学时左手没有任何演奏动作，稍微离开琴弦即可，无须抬得太高。

右手四指均有向内、向外两种指法，所以有八个基本指法，分别为抹、挑、勾、剔、打、摘、劈、托。

击弦时触弦点在指端（向内击弦）或指甲前端（向外击弦）大约1/3处，触弦时一般与琴弦呈95°（向外击弦）或45°（向内击弦）。

抹：食指向掌心方向弹弦。（见下图）

挑：食指向外弹弦。（见左下图） 勾：中指向掌心方向弹弦。（见右下图）

剔：中指向外弹弦。（见下图）

打：名指向掌心方向弹弦。（见下图）

摘：名指向外弹弦。（见下图）

劈：大指向内弹弦。（见下图）

托：大指向外弹弦。（见下图）

需要注意的是，右手的基本指法均是手指发力，练习时应注意避免手腕、臂、肘带弦。

左手基本指法

大指按弦

大指按弦，在减字谱中记为"大"。大指按弦，是用左手大指指甲外侧边缘的中间位置将琴弦按在琴面上，右手拨弦发出声音。（见下图）

名指按弦

名指按弦的部位是无名指指端外侧一角的指甲与肉相交处的指肉。这一点肉最少，琴弦的振动可以使琴音清晰实在。（见右上图）

中指按弦

中指按弦，在减字谱中写作"中"。中指按弦的部位是指端中间偏外的部分。（见右下图）

开指曲

掌握了左右手的基本指法之后，就可以学习一些难度不太大的曲子开指了。古琴开指是古琴乐曲弹奏的初步实践，选曲子时应以简短、经典为原则，以尽可能培养学生学习信心并激发弹奏兴趣。本书选择《凤求凰》《秋风词》《阳关三叠》三首曲子作为古琴开指曲。另外，在古琴开指之前，有必要通过一些"挑勾""抹挑""泛音""大指按弦""名指按弦"等小片段的练习熟悉琴弦与左手的点按滑动。

开指曲减字符号释义

谱字符	名称	含义
	散音	空弦音
	泛音	左手指轻触弦上，正对徽处，右手拨出之音
	泛起	泛音段落由此开始
	泛止	泛音段落至此为止
	撮	挑勾同作或托勾同作
	反撮	撮之后两指分开做相反拨弦
	历	食指连续挑两弦或数弦
	摇撮三声	摇起（或加上反向摇起）与撮相结合的一组音型
	食	左手食指
	上	左手按弦，向右移动到指定的较高音位
	下	左手按弦，向左移动到指定的较低音位
	进	与"上"相似
	退	与"下"相似
	复	"进"或"退"之后回到原位
	撞	右手拨奏后，左手做急速小幅进复，有时处理成旋律性进复
	绰	左手向右移到所要弹奏的音高而产生的上滑音
	注	左手向左移到所要弹奏的音高而产生的下滑音
	摇起	左手按在弦上的大指提起拨弦，发出左手无名指所按之音
	带起	左手按弦之指提起带出散音
	就	左手按弦移到另一音位后不动，右手再拨一次。即迁就左手所用的手指及所在的音位
	发一声	剔或挑两弦重合为同声

练习片段

进行片段练习，是古琴弹奏的必要准备。学习者千万不能轻视这些短小的片段。这些片段中蕴含着古琴弹奏的基本功，初学者应认真练习并熟练掌握。

挑勾练习

1=F 3/4

6 3 - | 5 2 - | 3 1 - | 2 6 - | 1 5 -
芷匂 达甸 区勾 四勾 㠯勾

5 1 - | 6 2 - | 1 3 - | 2 5 - | 3 6 -
芍㠯 勾四 勾区 甸达 匂七

抹挑练习

1=F 4/4

6 6 3 - | 5 5 2 - | 3 3 1 - | 2 2 6 - | 1 1 5 - ‖
荎匂 㡳甸 査勾 㭕勾 査勾

泛音练习

1=F 4/4

6 - 6 - | 5 - 5 - | 3 - 3 - | 2 - 2 -
芭芭 芘勻 荎匀 芭匀

3 - 3 - | 5 - 5 - | 6 - 6 - ‖
芭匀 芘匀 芭匀止

大指按弦练习

名指按弦练习

开指曲代表曲目

《凤求凰》

《凤求凰》是《梅庵琴谱》中的琴曲。相传此曲取材于卓文君与司马相如的爱情传说，曲意优美而伤感。本曲虽短小，但散、按、泛交错运用，用徐缓的速度演奏难度并不大，对于掌握基本指法、熟悉古琴这一乐器的性能很有帮助。

凤 求 凰

1 = C
正调定弦：1 2 4 5 6 1 2

据《梅庵琴谱》(1931年)
李　祥　釐订指法

《秋风词》

据《历代古琴文献汇编·琴曲释义卷》,《秋风词》被收录于三部琴谱内,分别是《槐荫书屋琴谱》[清道光二十年(1840)王藩抄本]、《琴学管见》[民国十九年(1930)李崇德撰辑]、《梅庵琴谱》[徐立孙根据王燕卿《龙吟观琴谱》残稿及梅庵所传整编而成。民国二十年(1931)王宾鲁传谱]。《梅庵琴谱》曾在海内外多次出版,在琴界产生了广泛影响。《秋风词》作为其中的第二首琴曲,因为其短小兼具音韵苍古、幽雅的特点,成为古琴弹奏入门的经典曲目。

秋 风 词

据《梅庵琴谱》(1931年)
王吉儒演奏谱
许健记谱

《阳关三叠》

《阳关三叠》是以唐代王维的诗《送元二使安西》为唱词的一首琴歌。据《历代古琴文献汇编·琴曲释义卷》，此曲最早收录于《浙音释字琴谱》[成书于明弘治四年（1491）前，龚经编释]。曲意表达了创作者在与友人离别时，对友人的不舍之情，感情真挚。《阳关三叠》是一首紧五弦的琴曲，为一般初学紧五弦者首选的曲目。

阳 关 三 叠

据《琴学入门》(1864年)
查 阜 西传授

1=♭B
紧五弦定弦：2 3 5 6 1 2 3

[一] ♩=50

清和节当春，渭城朝雨浥轻尘，客舍青青

柳色新；劝君更尽一杯酒，西出阳关无故人。

霜夜与霜晨。遄行，遄行，长途越渡关津，惆怅役此身。

历苦辛，历苦辛，历历苦辛，宜自珍，

宜自珍。[二] 渭城朝雨浥轻尘，客舍青青

柳色新；劝君更尽一杯酒，西出阳关

无故人。依依顾恋不忍离，泪滴沾巾，

无复相辅仁。感怀，感怀，思君十二时辰，商参各一垠。

谁相因，谁相因，谁可相因，日驰神，

日驰神。 [三] 渭城朝雨浥轻尘，客舍青青

柳色新；劝君更尽一杯酒，西出阳关

无故人。芳草遍如茵。旨酒，旨酒，未饮心已

先醇。载驰驷，载驰驷，何日言旋轩辚。

能酌几多巡，千巡有尽，寸衷难泯，无穷的伤感，楚天湘水隔远滨，期早托鸿鳞。尺素申，尺素申，尺素频申，如相亲，如相亲。噫，从今一别，两地相思入梦频，闻雁来宾。